Charo González Casas

Nikola Tesla

El hombre que inventó el siglo xx

Si este libro le ha interesado y desea que le mantengamos informado de nuestras publicaciones, escríbanos indicándonos qué temas son de su interés (Astrología, Autoayuda, Ciencias Ocultas, Artes Marciales, Naturismo, Espiritualidad, Tradición…) y gustosamente le complaceremos.
Puede consultar nuestro catálogo en www.edicionesobelisco.com

Colección Narrativa
Nikola Tesla
Charo González Casas

1.ª edición: marzo de 2018
3.ª edición: enero de 2020

Corrección: *Sara Moreno*
Diseño de cubierta: *Enrique Iborra*

© 2018, Rosario del Carmen González Casas
(Reservados todos los derechos)
© 2018, Ediciones Obelisco, S. L.
(Reservados los derechos para la presente edición)

Edita: Ediciones Obelisco, S. L.
Collita, 23-25. Pol. Ind. Molí de la Bastida
08191 Rubí - Barcelona - España
Tel. 93 309 85 25 - Fax 93 309 85 23
E-mail: info@edicionesobelisco.com

ISBN: 978-84-9111-316-4
Depósito Legal: B-1.739-2018

Impreso en España en los talleres gráficos de Romanyà/Valls S. A.
Verdaguer, 1 - 08786 Capellades (Barcelona)

Printed in Spain

Reservados todos los derechos. Ninguna parte de esta publicación, incluido el diseño de la cubierta, puede ser reproducida, almacenada, transmitida o utilizada en manera alguna por ningún medio, ya sea electrónico, químico, mecánico, óptico, de grabación o electrográfico, sin el previo consentimiento por escrito del editor. Diríjase a CEDRO (Centro Español de Derechos Reprográficos, www.cedro.org) si necesita fotocopiar o escanear algún fragmento de esta obra.

*Para mi tía Carmen, por quererme tanto,
y para J. J., el vagabundo de la calle Huertas*

Esta historia comienza una noche de tormenta. No podía ser de otra forma. Djouka Mandich, la esposa del reverendo Milutin Tesla, está dando a luz en su casa. Ha empezado a sentir las primeras punzadas del parto a media tarde. Es el 9 de julio de 1856. A punto de anochecer, cuando el sol raya en la tierra, rompe aguas. Le dice a Milutin que avise a la comadrona, se pone un camisón limpio, prepara barreño y toallas y se acuesta. Su cuarto hijo. Djouka sabe muy bien lo que tiene que hacer: cómo inspirar el aire, cómo apretar los dientes, empujando, hasta que el dolor cese. Una tregua. Luego el dolor vuelve, crece, redobla y, entretanto, debe mantener la calma. Djouka Mandich sabe muy bien lo que es un parto. La vida pidiendo paso. No está asustada.

La comadrona acude enseguida. El sol es media naranja. Las contracciones comienzan.

El reverendo está esperando afuera. Es un hombre de Dios, un sacerdote ortodoxo serbio, el párroco de la aldea de Smiljan –cuarenta casas– en la provincia de Lika (Croacia). Está nervioso. Entra en su pequeña iglesia, al lado de su vivienda. Se arrodilla. Reza. Se levanta. Vuelve a la casa.

La recorre entera, pasillo abajo, pasillo arriba, sale a tomar el aire, camina hasta el granero, entra, sale, vuelve a casa, al pasillo, arriba, abajo. Consulta su reloj de cuerda con la premura de un niño tratando de apremiarle al tiempo. Vuelve a la iglesia. Se encomienda a Dios de nuevo. Pide salud para la madre y para el hijo.

Ya es casi medianoche. A través de una vidriera, el reverendo ve una explosión eléctrica. Tormenta. Truena. Sale de la iglesia. Entra en casa. Vuelve a mirar el reloj. Lleva horas empuñándolo como si fuera una cruz, o un talismán, o un amuleto. Las doce en punto. Otro trueno. Y en mitad del estruendo, por fin, el llanto del recién nacido.

—¡Es un niño! ¡Un niño! –oye que grita la comadrona.

Milutin entra en su habitación. El niño sigue llorando. Milutin besa a su esposa. Y extiende hacia la partera los brazos para recibir esa bendición de Dios en forma de criatura humana. Sí, es un varón, tres kilos aproximados. Un bebé perfecto, con la piel muy blanca y el pelo muy negro.

El reverendo da gracias al cielo mientras lo acuna y lo mira. «Bienvenido a este mundo, hijo», piensa. Tal vez en su fuero interno se esté haciendo esa gran pregunta: «¿Qué serás, un genio o un idiota?».

Imaginemos cómo era el mundo entonces. 1856. No había luz eléctrica. Aquel niño había nacido a la luz de los candiles. No existía el teléfono. Para comunicarse a larga distancia, los humanos se escribían cartas, en papel, con tinta, que llegaban a su destino a lomos de los caballos, apiladas en alforjas. El ferrocarril estaba empezando. Salvo en Inglaterra, no había trenes en Europa. La gente viajaba en carretas. Era un mundo muy lento. Se despertaban al salir el sol y se acostaban cuando las gallinas.

Milutin Tesla no podía imaginarse que el bebé que sostenía en sus brazos y que berreaba –los ojos cerrados, los puños prietos, las mejillas rojas– iba a acelerar el mundo, iba a ponerlo en marcha. En aquel instante, el reverendo Milutin sólo podía agradecer el milagro de la vida. No podía presentir que su hijo –nacido a las doce en punto de una noche de tormenta, entre el 9 y 10 de julio, en la frontera del Imperio austrohúngaro– lograría, una vez convertido en hombre, algo impensable: dominar esa mano invisible que nos mece.

—Se llamará Nikola –dijo el reverendo–. Nikola Tesla. Qué bien suena.

Cinco sílabas. Ni-ko-la-Tes-la, la firma del mayor inventor de la historia.

La tormenta amainaba. La partera vistió al niño.

—Tiene los ojos grises –dijo.

—Yo creo que son azules –replicó el sacerdote.

—Ni grises ni azules, sino azulgrisáceos –sentenció la madre, cuando, por fin, lo acostó en su pecho y lo miró a los ojos.

La tormenta había cesado. Milutin abrió la ventana. Olía a tierra mojada, el mejor olor que existe. El niño se quedó dormido. Acababa de nacer para cambiar el mundo.

Él, un hombre solo, iluminó a millones. Inventó la luz eléctrica. Y les dio un corazón a las cosas y a las máquinas. Inventó el motor de inducción polifásico, ese que se utiliza para que todo funcione, desde los automóviles hasta las lavadoras, desde los trasatlánticos hasta los cortacéspedes.

También inventó el radar, el neón, los fluorescentes, el microondas, los rayos X, los robots, el aire líquido, el fuego frío, el control remoto, el coche eléctrico, el velocímetro, el avión vertical, el microscopio electrónico, la radio, los misiles, la fibra óptica, el acelerador de partículas y suma y sigue. Se le calculan unas setecientas patentes. Entendió, conoció y amó, como nadie, a la naturaleza. Acabó conquistándola. Escarbó en sus misterios, escrutó sus leyes. Comprendió que no era terrible ni insondable. Estudió sus fuerzas –la energía, la electricidad, el magnetismo, la gravedad, la resonancia– y descubrió que, bien tratadas, se comportaban amistosamente. Fue capaz de amaestrarlas, reducirlas a medida, conducirlas a su antojo. Se las sirvió a la humanidad para su beneficio. El poder del cosmos a la escala del hombre. Era un ecologista. «En realidad, todo estaba ahí –dijo–. Yo solamente he observado la naturaleza».

Si hubiera nacido en 1500, nuestro mundo de hoy sería como será en el siglo xxv. Si no hubiera nacido aún, Internet sólo existiría en la ciencia ficción y en las mentes de los soñadores. Si no fuera a nacer nunca…

Pero el bebé dormía en los brazos de Djouka. Iba a vivir más de ocho décadas.

Ni un solo día descansó en todos esos años. «Se me considera uno de los trabajadores más esforzados –dijo–, y si el pensamiento es un trabajo, lo soy, pues le he consagrado casi todas mis horas de vigilia. Pero si por trabajo se entiende un rendimiento determinado en un tiempo establecido de acuerdo con unas normas, puede que yo haya sido el mayor de los vagos». Afirmaba que el pensamiento le daba alas y que gracias a su trabajo vivía en éxtasis. «No hay emoción más intensa para el inventor que la de ver sus creaciones funcionando». Inventar le provocaba un placer infinito.

Tesla fue un elegido, uno de esos seres humanos, tan escasos, a los que apunta Dios. «El progreso del hombre depende de la invención –escribió–, es el producto más importante de su cerebro. Su propósito es el total dominio de la mente sobre la materia, el aprovechamiento de las fuerzas de la naturaleza en aras de las necesidades humanas. Difícil tarea la del inventor, a menudo tan incomprendido y sin reconocimiento. Aunque encuentra su recompensa en el placer que siente ejerciendo sus poderes y en su convicción de pertenecer a esa clase excepcional y privilegiada sin la que la especie se habría extinguido hace tiempo, bregando con amargura contra las inclemencias de los elementos». Y añadió: «El esfuerzo del inventor consiste, esencialmente, en salvar vidas». A ello se consagró –era un buen hombre– y obtuvo sus frutos muy pronto.

Llegó a vivir una edad dorada. Fue portada de *Time*. Su fama traspasó fronteras. Tuvo el mundo a sus pies, ese mundo que él había activado sin apenas moverse de un laboratorio. Además era un hombre hermoso. Anguloso y flaco, medía casi dos metros, vestía con elegancia, hablaba más de seis lenguas y ejercía sobre mujeres y hombres un potente magnetismo, una fascinación misteriosa. Llegó a estar en boca de todos, provocó admiración y envidias, se convirtió en el hombre de moda, en la estrella del momento, en el rey de Manhattan. Nikola Tesla era el genio.

Y, contra todo pronóstico, en apenas unas décadas, fue cayendo en el olvido. Su prestigio acabó extinguiéndose como la llama de un fósforo. El creador de la luz eléctrica, del movimiento continuo, de la vida en la materia muerta, de la aceleración de la historia, del ritmo de la edad moderna, a su muerte apenas ocupó espacio en las necrológicas de los periódicos.

Murió solo, sin más compañía que la de sus palomas callejeras, ninguneado por sus colegas, arrinconado por la comunidad científica.

Murió pobre. Él, que había encendido todas las bombillas, todos los motores, todas las máquinas, todas las fábricas, que había enriquecido a tantos, al final de su vida sólo disponía de una pensión modesta del Gobierno de su país natal, lo que entonces era Yugoslavia.

Crecí convencida de que el inventor de la luz eléctrica fue Thomas Alba Edison, de que Guglielmo Marconi inventó la radio y de que los rayos X fueron descubiertos por Wilhelm Conrad Röntgen. Eso decían mis libros del colegio. Falso. El tiempo está revelando la verdad de aquella época. Nikola Tesla era un genio, sí, pero también era un cándido. Le faltaba picardía, ese ardid de los mediocres. Le sobraba inteligencia; era brillante en exceso.

Su ascenso fue de justicia. Pero su caída no se debió, como suele ocurrir, a la soberbia, sino a la ceguera, mezquindad y malicia de quienes pudiendo ayudarle no lo hicieron. Quiso iluminar la tierra sin cables, con energía libre y gratuita. Su sueño más deseado: que la energía fluyera limpiamente, sin intermediarios, desde la tierra hasta cualquier rincón del planeta. Sabía que podía conseguirlo, pero tropezó con la codicia humana. «Energía… ¿*gratuita?*». La sola palabra provocaba dentera en banqueros, magnates y señores de la industria. Se burlaron de él, lo despreciaron, lo tacharon de iluso. Tesla quería convertir la Tierra en una bombilla perpetua. Qué ingenuo, qué tonto. Tesla se había vuelto loco. Había perdido la cabeza. Le pagaron con el descrédito. Por eso acabó apareciendo en el imaginario de entonces como un viejo chiflado rodeado de palomas en el parque. «Con lo que ha sido –dirían– y míralo ahora, para lo que ha quedado, pobre hombre». La humanidad, gran especie: muerde la mano que la alimenta y lame la planta del pie que la aplasta.

Pero Tesla siguió siendo un genio hasta el final de sus días. Encorvado y seco, con la levita raída, seguía acariciando su sueño con la certeza absoluta de que la energía de la Tierra llegaría a fluir sin cables, libre, sin precio ni tasas, a todos los hogares del planeta. «Mi proyecto se ha retrasado por la ley de la naturaleza –dijo–. Se adelanta demasiado a su tiempo, el mundo aún no está preparado. Pero al final las mismas leyes de la naturaleza prevalecerán y harán que sea un éxito».

El 8 de enero 1943, la doncella de la habitación 3327 del hotel New Yorker, en Manhattan, lo encontró muerto en su cama. Llevaba varios días con el cartel *Don't Disturb* colgado en la puerta.

Cuenta la leyenda que nada más difundirse la noticia, unos hombres de negro irrumpieron sin pedir permiso en la habitación 3327 para llevarse a cuestas el baúl en el que guardaba sus papeles. Fórmulas, planos, esquemas, todos los mapas para encontrar el tesoro de la energía de Gaia. Aunque el FBI lo haya desmentido tantas veces, yo lo creo. Quiero creer que el secreto de la energía global se custodia en el cajón con candado de algún despacho. Y que el sueño de este inventor, como él mismo pronosticó tantas veces, se hará realidad dentro de poco. La fuerza libre de los elementos a merced del hombre, de todos los hombres, como el aire, por cortesía de la Tierra, la naturaleza y Nikola Tesla.

Vivió ochenta y cinco años. Cada uno de esos años podría equivaler a los ochenta y cinco años vividos por un hombre corriente. El mundo todavía no es consciente del legado de Nikola Tesla. Aún quedan por descubrir muchos usos de su bobina, un invento prodigioso que deja con la boca abierta a los ingenieros más sobresalientes.

Tesla fue ese hombre que se hermanó con su planeta. Lo observó, lo escuchó, lo entendió. Lo manejó como si fuera una canica. Y el planeta —ese gigante salvaje, de tan malos modales a veces— le demostró que era un amigo.

A continuación, su historia. Es la historia de un hombre, aunque parezca la de un emisario de los dioses.

Señoras y señores, damas y caballeros, con todos ustedes, Nikola Tesla.

AIRE

El aire es lo primero. Naces y respiras. Luego vienen la luz y la leche, pero tu cuerpo ya sabe que no debe soltarse nunca de esa primera teta invisible.

En Smiljan, la diminuta aldea en la que Nikola Tesla vino al mundo, el aire era de tal pureza que podía sanar a los tísicos. Entre el Adriático y las montañas de Velebit, el viento soplaba muy fuerte.

El pequeño Niko era un niño *rarito:* curiosidad insaciable, imaginación sin límites, hiperactividad desde que se despertaba hasta que caía rendido, por la noche, exploración continua, temeridad, desprecio por el riesgo y el peligro, asombro constante, un mundo propio lleno de magia y muchas —demasiadas— preguntas, a sí mismo o en voz alta, que desconcertaban y dejaban perplejos a los adultos. Un genio. Y aunque todos los niños lo son —su pensamiento todavía es poético—, el pequeño Niko debía de parecerlo el cuádruple.

La realidad era su juguete; el mundo, un artefacto lleno de piezas a destripar para entenderlas.

El viento de Smiljan suponía una tentación irresistible. «Como a casi todos los niños me encantaba saltar y desarrollé un intenso deseo de sostenerme en el aire», recordaría de viejo. Si los pájaros vuelan, ¿por qué él no podría hacerlo? En lugar de informarse –«Oye, papá, ¿por qué no vuelan los hombres?»–, decidió probar suerte y averiguarlo por sí mismo. Una tarde ventosa, trepó al tejado del establo. Llevaba un paraguas viejo, el más grande que encontró en la casa. Lo abrió. Esperó un golpe de viento. Cerró los ojos y dio varios pasos. La buena de Djouka lo encontró en el suelo, inconsciente. No se rompió ningún hueso, pero tuvo que acostarlo.

Así que era eso: los hombres no vuelan porque no tienen alas. No bastaba un paraguas. Él lo inventaría. Diseñaría un aparato capaz de elevarlo por los aires, con dirección asistida y un sistema seguro de aterrizaje. Se juró que algún día, él, el pequeño Niko, cuarto hijo del reverendo serbio de Smiljan, iba a conquistar el aire.

Entretanto, había que observar a los pájaros –cómo planeaban aprovechando las corrientes de aire, cómo despegaban, aleteando desde el suelo– y a los insectos, deslizándose en zigzag y aterrizando verticales. Volar. Si tuvieran alas reales, los hombres no serían pájaros; serían ángeles. Habría que inventarles unas alas ortopédicas, desplegables y ligeras. Seguirían siendo hombres, pero al menos podrían llegar a la Luna.

Muchos años después, cuando se fue a hacer las Américas, llevaba en el bolsillo un cuaderno con poemas, algunos problemas de cálculo y su primer diseño de una máquina voladora. No tenía equipaje. Lo había perdido, junto a su dinero, antes de subirse a un tren con destino a un puerto.

Y cuando ya era viejo y se había estrellado con su sueño de implantar su sistema de energía sin cables, seguía hablando del vuelo humano. «Quizá la aplicación más valiosa de la energía sin cables será la propulsión de máquinas voladoras, que funcionarán sin combustible y estarán exentas de todas las limitaciones que presentan los aeroplanos y dirigibles actuales. Volaremos de Nueva York a Europa en pocas horas. Se abolirán las fronteras internacionales y daremos un gran paso hacia la unificación y la convivencia de las razas que habitarán el planeta en perfecta armonía. Suprimir los cables no sólo hará posible suministrar energía a cada región, sino que será eficaz en política, ya que armonizará los intereses internacionales. Acabará creando entendimiento en lugar de discrepancias».

Si no hubiera colocado bombillas en los hogares del mundo entero, pensaríamos que no era más que un soñador lo suficientemente iluso como para creer que la paz mundial sería posible. Tesla era tan buen hombre que no concebía la maldad humana. Su misión consistía en reparar las dificultades que encontraba la humanidad en la Tierra. Y para la humanidad soñaba. Pensaba como deben de pensar los ángeles. A veces parecía uno de ellos, larguirucho y flaco, con bombín y levita y unas alas invisibles que levantaban el vuelvo cada vez que inventaba. Un ser como de otro mundo, brillante, pero muy torpe y despistado entre sus congéneres, los hombres.

«Preveo –dijo– que el desarrollo de la máquina voladora superará al del automóvil. Los problemas de aparcamiento, atascos y carreteras añadidas para despejar el tráfico se resolverán. Habrá torres de estacionamiento en las ciudades. Los caminos y rutas se multiplicarán. Todo será muy fácil cuando la civilización cambie las ruedas por las alas».

En 1910, se concentró en el uso de la propulsión de campo o antigravedad para diseñar sus máquinas voladoras. Había descubierto que la electricidad aplicada en grandes cantidades conseguía que los objetos levitaran. Accionaba sus bobinas a altísimas frecuencias y todo cuanto había entre ellas, todo, se despegaba del suelo y flotaba en el aire.

Antes de que se hundiera el Titanic, ya disponía de un diseño que volaba. Mantuvo conversaciones con el magnate John Jacob Astor IV para que lo financiara. No iban por mal camino, pero la realidad desbarató sus planes. Astor se ahogó la madrugada del 15 de abril de 1912 en el mayor trasatlántico insumergible de la historia. Según los testigos se comportó como un héroe. Cedió su sitio de primera clase en un bote salvavidas a dos niños asustados que viajaban en tercera.

Tuvieron que pasar dieciséis años para que Tesla patentara su primer aparato capaz de surcar los cielos, algo que le obsesionaba desde sus años de estudiante. Lo llamó «helicóptero plano». Despegaba y aterrizaba verticalmente, como un insecto, para alcanzar el vuelo horizontal a gran altura, igual que un pájaro. Se propulsaba gracias a una turbina. No hace falta decir que los aviones actuales de despegue y aterrizaje vertical –VOLT en inglés– se inspiran en su diseño.

❏ ❐ ❏

A los cuatro años se dedicó a cazar escarabajos sanjuaneros, de los que salen en mayo y zumban mucho al volar. «Seguí mi primer impulso instintivo –diría al recordarlo–, ese que después dominó todo mi trabajo: aprovechar la fuerza de la naturaleza». Cuando capturó suficientes, construyó un aparato. Consistía en un rotor de madera con cuatro aspas que giraban en torno a un eje conectado, a su vez, con un disco. En cada aspa colgó cuatro escarabajos vivos. Al batir las alas, los bichitos accionaban el disco y aquello podía girar durante horas. «Esas criaturas eran realmente eficientes –recordaba Tesla–. Una vez que empezaban no paraban, y cuanto más calor hacía, más funcionaban». Todo fue bien hasta que Niko se lo enseñó a un amiguito que debía de estar hambriento: en lugar de admirar el artilugio activado por la fuerza motriz de los élitros, le arrancó los escarabajos y se los comió. «Un chico extraño, hijo de un oficial del Ejército austríaco. Los saboreó como si fueran ostras. Fue una visión tan repugnante que, desde entonces, no he vuelto a tocar ningún insecto».

En lugar de apedrear los nidos, como los niños crueles, se dedicaba a seguir el proceso de las crías, desde la puesta de huevos hasta los aleteos de los polluelos. Capturó un aguilucho. Lo crio en el establo. Y contemplaba los gansos despegar por la mañana y aterrizar por la tarde «en una formación de batalla tan perfecta que habrían avergonzado al mejor escuadrón de aviadores de ejército», contaría años más tarde.

Así se fue enamorando de su maestra, la naturaleza. «Cada ser vivo –dijo– es un motor conectado a los engranajes del universo. Y aunque parezca que sólo le afecta su ambiente inmediato, la esfera de influencia se extiende a una distancia infinita». Y así es como fue descubriendo la comunión entre todo lo que respira, esa sincronía perfecta. «Soy descubridor, no inventor», afirmaba. Creía en la existencia de un núcleo dador de todo. «Mi cerebro es sólo un receptor. En el universo hay una fuente de la que obtenemos conocimiento, inspiración, fuerza. No he penetrado en los secretos de esta fuente, pero sé que existe».

En realidad, Tesla era un filósofo, un hombre en busca de la verdad mediante el estudio y dominio de los elementos. «Lo que un hombre llama Dios, otro hombre lo llama leyes de la física», decía. Es lo mismo: el misterio que el cosmos entraña, el que lo alienta y lo habita.

A la carta: el rostro de Dios o el viento de Smiljan.

❏ ❏ ❏

No es fácil burlar a un cuervo. Son pájaros muy astutos. Tesla sabía cómo hacerlo. De adolescente, capturó muchos. Iba al bosque. Se escondía entre la maleza. Imitaba el canto de un pájaro. El ardid surtía efecto. Al momento, se presentaba algún cuervo. Para distraerlo, le lanzaba un cartoncillo. El ave, intrigada y curiosa, se acercaba a pequeños saltos. Lo husmeaba con el pico. Él, entonces, saltaba desde su escondite y la atrapaba, por detrás, con un saco. Un método infalible.

Una tarde que había conseguido dos presas, cientos de cuervos se congregaron, graznando, a la salida del bosque.

Le rodearon. Empezó a asustarse. Uno de ellos le picó en la nuca. Lo tiró al suelo. La bandada comenzó a atacarle. Supo, instintivamente, que debía liberar a los pájaros. Abrió el saco. Los presos huyeron volando. Sólo entonces la bandada se dispersó y le dejó salir del bosque.

La inteligencia de los cuervos, emocionante. Lo conocían, sabían quién era, le estaban esperando y decidieron darle un escarmiento.

Muchos años después, Tesla se paseaba por Manhattan con un cucurucho de alpiste. Diez de la noche. Calle 42, Quinta Avenida, parada en la biblioteca pública y luego en un banco del parque Bryant. Era su ronda. Silbaba y las palomas de Nueva York sabían que la cena estaba lista. Acudían a puñados. Se le posaban sin miedo en la cabeza, los hombros, los zapatos. Los transeúntes ya le conocían. Era ese viejo chiflado, vestido como un fantasma –su levita tenía treinta años– que alimentaba todas las noches a esos pájaros. No faltaba nunca.

Una noche lo atropelló un taxi. Le rompió tres costillas. Tesla se negó a que le viera un médico. Llamó a Kerrigan, un recadero de la Western Union, y le encargó su misión sagrada: hacer la ronda de alpiste. Estuvo seis meses postrado. Kerrigan cumplió el encargo por un dólar diario de propina.

La ventana de su hotel siempre estaba abierta. En el alféizar había cestas para las palomas heridas que se encontraba en las calles. Los directores de los hoteles, las limpiadoras, los encargados de planta acababan hartos. Su habitación era un nido lleno de plumas, alpiste y cagarrutas. En el hotel St. Regis le pidieron, por favor, que se deshiciera de ellas. Tesla metió las palomas en un cesto y le dijo a un ayudante que se las llevara lejos, fuera de la ciudad, lo más lejos posible. Al cabo de varios días, las palomas estaban de vuelta. Entonces el director le dio un ultimátum: o dejaba de cuidarlas o abandonaba el hotel. Tesla decidió irse. Se instaló en el Pennsylvania.

Su habitación volvía a ser una sala de urgencias. Había palomas con un ala o una pata rota, con un absceso en el pico, con el buche hinchado o con un ojo huero. Cuando no podía curarlas, las llevaba al especialista. Salvó a muchas, incluso a una con gangrena, desahuciada por el veterinario.

Un día que le estaba hablando a un amigo de la energía en el futuro, ese tiempo en el que su plan, por fin, surtiría efecto, se paró de pronto y dijo:

—En realidad, lo único que me importa ahora mismo es el pichón que he encontrado en las escaleras de la biblioteca. Tiene una herida en el pico y la lengua hinchada. No come. Le doy suero muy despacio, con una jeringuilla. Pobrecito.

El pichón se recuperó. Abandonó el hotel a la semana.

Una mañana, las señoritas Muriel y Dorothy, sus secretarias, se preocuparon muy seriamente: el señor Tesla no se había presentado en el laboratorio. Le llamaron por teléfono.

—Estoy perfectamente –dijo–, pero mi paloma está enferma. No puedo dejarla sola.

Tesla no abandonó el hotel en varios días. Era una tórtola blanca con motas grises en las alas. Su favorita.

Su amigo John J. O'Neill cuenta en la biografía que le dedicó la confesión que Tesla le hizo muchos años más tarde.

—Mira que he conocido palomas –le dijo– cientos, miles, durante años. Pero había una diferente, bellísima, con motas grises. Una hembra. No importa donde estuviera, siempre que yo silbaba, ella acudía. Nos entendíamos. Yo la amaba. La amaba como un hombre a una mujer. Era mi esposa. Cuando se ponía enferma, entraba por la ventana y yo no me despegaba de ella hasta que se recuperaba. Era la luz de mi vida, lo que más me importaba. Una noche vino y se posó en mi escritorio. Supe que quería decirme algo. Al mirarla, entendí que se estaba muriendo. Había venido a despedirse. Cuando sintió que yo la entendía, emitió por sus ojos una luz cegadora, deslumbrante, una luz de otro mundo. En aquel instante, algo se me murió por dentro.

Era 1922. Tesla tenía sesenta y seis años. Siguió alimentado a las palomas de Manhattan, pero no volvió a enamorarse de ninguna.

FUEGO

El sol. Si una tarde de febrero de 1882 el sol no se hubiera puesto ante su vista, no dispondríamos de los motores de inducción eléctricos que utilizamos. Los enchufas, aprietas un botón y listo: el aparato funciona, mejor y más deprisa que por corriente continua o por tracción animal o humana. Tendríamos otros motores más rudimentarios, mucho más lentos y renqueantes. Los que había hasta que Tesla descubrió el campo magnético rotativo. Es un mecanismo sencillo que lleva operando en el cosmos desde el principio de los tiempos. Pero nadie lo había visto. Tesla llevaba dándole vueltas —y vueltas y vueltas— desde hacía varios años. No daba con ello.

Todo empezó mientras vagaba por las montañas de su tierra. Se dedicaba a observar los paisajes, el horizonte, las salidas y las puestas de sol y las fases de la luna, mientras detectaba el pulso que anima, en silencio, la naturaleza. Aún no tenía veinte años. Nuestro planeta realiza dos movimientos: rotación y traslación. Tesla se dio cuenta de que estos dos movimientos hacen que todo lo que hay en la tierra gire impulsado por ambos, no sólo por uno. «Descubrí que debido a la rotación diaria del globo terrestre, los objetos sobre la superficie de la tierra se mueven alternativamente en y en contra de la dirección del movimiento de traslación». En y en contra. Es decir, son llevados hacia delante y hacia atrás todo el tiempo. «Era el poder de la energía rotatoria de los cuerpos terrestres —escribió—. Si lo aprovecháramos, podría haber un cambio enorme en el impulso. Y podría aplicarse en cualquier región habitable del mundo de la manera más simple que se nos ocurra».

Esa idea fue el germen de su motor de corriente alterna. Tesla aún no lo sabía. «El instinto —escribió— es algo que trasciende el conocimiento. En nuestros cerebros hay fibras muy sutiles que nos hacen percibir verdades imposibles de alcanzar mediante deducciones lógicas. Es inútil esforzarnos obstinadamente en entenderlas con el pensamiento».

Unos años después estudiaba en el Instituto Politécnico de Gratz, en Austria. El profesor Poeschl, de Física, era su favorito. Un hombre corpulento y alto, tipo oso. Un día llevó una máquina procedente de París para que los alumnos vieran cómo funcionaba un motor de corriente continua. La única corriente eléctrica descubierta en aquel momento, ésa en que la carga circula siempre hacia delante, en una sola dirección.

—Miren qué milagro de la ciencia –dijo el profesor.– La *gramme machine* de París, un prodigio.

Era un objeto rudimentario y tosco. Tenía demasiados cables, un conmutador y escobillas. El profesor la puso en marcha. Empezó a renquear despacio, como un ser de metal enfermo. Sí, funcionaba, pero se atascaba a veces y, por culpa del conmutador, no hacía más que soltar chispas. Un modelo precario. Si eso era el gran prodigio contemporáneo, la era eléctrica aún no había salido de las cavernas.

Tesla levantó la mano.

—Señor Poeschl —dijo—, esa máquina tiene demasiadas cosas. ¿No sería mejor prescindir del conmutador?

Era el aparato que permitía fluir la corriente. Por eso el profesor le miró con asombro.

—Es necesario para que funcione la máquina —dijo.

—Si esa *gramme machine* de París funcionara por corriente alterna, no necesitaría ni conmutador, ni escobillas ni tantos cables.

—¿Corriente alterna? —replicó el profesor—. Lo que usted está planteando es el movimiento perpetuo, algo inconcebible. Tiene usted mucho talento y hará grandes cosas, pero nunca llegará a lograr lo que propone. Corriente alterna, menuda ocurrencia.

Pero Tesla sabía que no era imposible. «Impresionado por la autoridad de mi profesor, dudé de poder conseguirlo —escribió—, pero acabé convenciéndome de que yo tenía razón y emprendí la tarea de dar con ello con toda la pasión y la confianza ciega de la juventud».

Se pasó mucho tiempo diseñando esquemas en su mente. Su intuición le decía que debía de haber otra forma de impulsar la corriente. Él crearía un motor capaz de funcionar más rápido. Pero, ¿cómo? ¿Dónde estaba la corriente alterna? ¿Cómo podía sonsacarle ese secreto a la naturaleza? ¿Cómo copiar los movimientos en giro de la Tierra para acoplárselos a un motor doméstico? Habrían de pasar cinco años para que lo descubriera.

Además de ingeniero, Tesla era poeta. Escribía versos. No solía enseñarlos porque los consideraba demasiado íntimos. Una tarde de 1882 paseaba por un parque de Budapest junto a su amigo Anital Szigety. Iba recitando el *Fausto* de Goethe. Se lo sabía de memoria. La poesía y la ingeniería, en realidad, son hermanas. Se complementan. La poesía adora el mito; la ingeniería, el mundo físico. Ninguna sería nada sin la otra. Un mundo sin mitos sería un mundo huérfano.

Goethe era uno de sus autores favoritos. El sol se estaba poniendo. Tesla recitaba. Era una de esas puestas que merecen un aplauso. La pelota brillaba con un naranja rabioso. Tesla se detuvo. Se olvidó de Goethe y de *Fausto*. Estaba mirando al sol y, de pronto, el motor, ese que iba a cambiar el mundo, se le apareció. Lo tenía ante sus ojos, como por encantamiento. Ahí estaba, con el sol de fondo. «Vi toda la maquinaria claramente –diría Tesla al recordarlo–: el generador, el motor, las conexiones. Lo vi funcionando como si fuera real». Su motor de corriente alterna, tan sencillo, con todas sus piezas dispuestas y ensambladas generando el movimiento rápido. «La idea me vino como un destello de luz –dijo–, y en un instante, se reveló la verdad. Dibujé los diagramas con un palo en la arena y mi compañero los entendió perfectamente. Las imágenes eran maravillosamente intensas y nítidas. Tenían la solidez del metal y la piedra».

—Mira, Anital –le dijo a su amigo–, ¿ves mi motor aquí? Mira cómo lo invierto.

Sí, aquello era un motor de corriente alterna. Adelante, atrás, adelante, atrás, adelante, atrás. Estos dos movimientos de la carga eléctrica impulsaban el ritmo, lo aceleraban.

Tesla acababa de descubrir el campo magnético rotativo. Aplicado a sus motores, dispararía la velocidad del mundo. Y era un modelo muy simple.

«Nunca podré describir la emoción de ese instante –escribió Tesla–. Ni Pigmalión viendo a su estatua cobrar vida se habría sentido tan conmovido». Una epifanía. «Mil secretos de la naturaleza que me hubiera encontrado por accidente no valían todos juntos lo que éste que acababa de arrancarle contra todo pronóstico y aun a expensas de mi vida».

Muchos años después, al recordar esa tarde, Tesla diría que supo, al instante, que estaba cumpliendo su misión en la Tierra. «Descubrir el campo magnético rotativo era, para mí, un voto sagrado, mi única razón en el mundo». Se decía: «Nikola, si no das con ello, tu vida no valdrá para nada, no tendrá sentido». Durante años, le había quitado el sueño. Cuando dormía soñaba con ello, y al despertar seguía dándole vueltas.

—El mundo en marcha, Anital –diría aquella tarde–. Habrá máquinas en las fábricas, en las granjas, en las casas, en las escuelas, ¡máquinas por todas partes!, hasta en las iglesias. Grandes, medianas pequeñas, con sus motores idénticos a éste. Motores que bombearán la electricidad como el corazón bombea la sangre.

Tenía veintiséis años. Había tardado cinco en descubrirlo. Aún tendrían que transcurrir otros cinco para que alguien reparara en la trascendencia de su motor y lo financiara. Iba a comerse el mundo.

Pero el mundo es torpe e ingrato y Tesla no lo sabía.

❑ ❑ ❑

Un incendio es un sol diminuto, el elemento fuego a la escala del hombre. Ese mismo sol que le inspiró su motor de corriente alterna, se le presentó una noche sin piedad ni aviso muchos años más tarde.

La madrugada del 13 de marzo de 1895, un incendio destruyó su laboratorio, ubicado en el número 33-35 de South Fifth Avenue, en Manhattan. Según el guarda del edificio, el fuego había comenzado en la planta baja, donde se alojaba una empresa dedicada a suministros para vaporizadores. Intentó apagarlo con cubos de agua. No pudo. Al llegar los bomberos, las llamas llegaban al tejado. Las instalaciones de Tesla estaban en la cuarta planta. El fuego se las tragó como si fueran de papel de biblia.

Hubo quien pensó que se trataba de un sabotaje. Un genio capaz de incidir tanto en la vida de los hombres, debía de tener enemigos. La luz de Tesla hacía sombra. Envidias, recelos, zancadillas, trampas. Nunca sabremos la verdad de esta historia.

Tesla no disponía de compañía de seguros. Eso era para agoreros y aguafiestas. No había firmado nunca una póliza. ¿Su seguro? Su mente prodigiosa. En los planes del genio no figuraban todas esas desgracias alternativas que nos suceden y con las que no contamos. Lo más irónico es que él adoraba los números 3 y 13, los dígitos de la tragedia. Sucedió un 13 de marzo. No en vano había elegido el número 33 para instalar su laboratorio. Y aún había otra ironía: de pequeño, en su aldea, había salvado varias casas vecinas del fuego. Era capaz de oír el crepitar de las llamas antes de que aparecieran el olor y el humo. Siempre tuvo un oído extraordinario.

Al enterarse, Tesla echó a andar sin rumbo, desesperado y vencido, por las calles de Manhattan. Lo había perdido todo. Sus amigos se preocuparon. No lo encontraban. Aquella noche, Tesla prefirió llorar a solas.

La prensa dijo: «Destruido el trabajo de un genio», «Una calamidad para el mundo entero», «Para el inventor, un desastre; para la humanidad, una incalculable pérdida».

—¿Qué quiere que le diga? –le dijo a la mañana siguiente a un reportero del *New York Times*–. No puedo hablar. No tengo palabras. El trabajo de media vida…, tantos años perfeccionando aparatos e inventos… y el fuego se lo ha llevado todo en unas horas. Por favor, no me pida que cuantifique las pérdidas en dólares. Es imposible. No me queda nada.

Había perdido todos sus avances en rayos X. Estaba a punto de obtener oxígeno líquido. Había construido un oscilador terapéutico: curaba dolencias y eliminaba toxinas. Nunca conoceremos las maravillas futuras que devastó aquel incendio. Tenía treinta y nueve años. Era un triunfador y estaba en su mejor momento. Residía en el Astor House, un hotel de lujo en la Gran Manzana. Se paseaba por los salones y las aceras con la arrogancia de un genio reconocido. Pero no era invencible. No estaba exento. Contra todo pronóstico, él, el genio, tenía que empezar de nuevo.

Agua

El agua fue el elemento que le deparó su primer éxito como ingeniero. Tenía siete años. Se acababa de mudar con su familia a Gospic, cercana a su aldea natal. Era una urbe pequeña, sin establos ni esa vida bucólica entre gansos y vacas. Se pasaba las horas recluido, mirando por la ventana. Una vida de provincias. Se acabaron las correrías por los bosques. Se aburría.

Entonces sucedió algo inesperado, casi una profecía. Gospic hizo una fiesta para celebrar su primer cuerpo de bomberos. Todo un acontecimiento. Eran dieciséis hombres jóvenes y uniformados. El ayuntamiento había comprado una enorme bomba de agua. Hubo un desfile, con banda y música y un discurso del alcalde. Todos los habitantes presenciaban el espectáculo a la orilla del río. Entonces el bombero jefe, frente a las autoridades y el pueblo de Gospic, dio la orden:

—¡Bombeen el agua!

No salió ni una gota.

—¡Bombeen el agua!

Nada. O la bomba estaba rota o no sabían cómo funcionaba. Parecía un mecanismo sencillo. Trataron de arreglarlo.

—¡Bombeen de nuevo!

La manguera no funcionaba.

Entre la multitud había un niño que se fue abriendo paso a codazos hasta la boca de la manguera. Era el pequeño Niko, conocido posteriormente como Nikola Tesla, padre de la corriente alterna. «Mis conocimientos sobre el mecanismo eran nulos –contaría al recordarlo–. Yo no sabía casi nada sobre la presión del aire, pero, instintivamente, toqué la manguera de succión bajo el agua y supe que se había atascado en algún punto». Vadeó el río y encontró el obstáculo, un doblez. El agua salió disparada. Empapó al alcalde, a los bomberos, a las autoridades, al público. La multitud gritó enaltecida. Lo pasearon a hombros por las calles. Ni siquiera medía un metro. Fue el héroe del día.

«Una vez, a los siete años, reparé una máquina de incendios que los ingenieros no conseguían poner en funcionamiento –contaría al recordarlo–. Me llevaron a hombros por la ciudad. Construía turbinas, relojes y aparatos como ningún otro niño. Me decía: "Nikola, si de verdad has nacido con el don de la invención, te dedicarás a un gran propósito. Emplearás tu habilidad en alguna tarea importante. No malgastarás tu esfuerzo en pequeñas cosas"».

En su mente no había límites. Él siempre pensaba en grande. «Entonces –escribió– empecé a calibrar cuál sería la mayor proeza que podría conseguir». Imaginemos la escena: un niño que ha descubierto para qué sirve en la vida. Como un alumno aplicado, se dispone a darlo todo. Sabe que tiene un sueño. Para poder alcanzarlo, debe empezar cuanto antes. «Un día —escribió— mientras caminaba por el bosque, se desencadenó una tormenta. Me refugié bajo un árbol. El aire era muy denso. Todo brillaba, todo era un destello luminoso. Empezó a llover a cántaros. Eso me dio la primera idea. En aquel momento me di cuenta de que el sol hacía ascender el vapor de agua, el viento lo transportaba hasta regiones donde se condensaba fácilmente y caía otra vez a la tierra». Se estaba empapando debajo de un árbol, con la boca abierta, contemplando los relámpagos. No importaba. La naturaleza le estaba ofreciendo un gran espectáculo. Era un mecano perfecto. «Esta corriente de agua que sustenta la vida —pensaba oyendo los truenos— es totalmente mantenida por el poder del sol y la luz, o algún otro agente parecido, y, simplemente, se transforma en un mecanismo desencadenante que libera la energía en el momento adecuado». Y justo en aquel instante, concibió su primer gran invento: una máquina que permitiera precipitar el agua desde el cielo cuando hiciera falta. Si la naturaleza podía hacerlo, los humanos también podrían. Sólo era cuestión de tiempo y de copiarlo esforzándose un poco. «Si construir esta máquina fuera posible —se dijo—, podríamos extraer agua sin límites del océano, crear lagos, ríos y cascadas y regar los desiertos».

Así era el pequeño Niko. Desde esa tarde, cada vez que había tormenta, salía corriendo de casa para perderse en el campo. Se empapaba. ¿Qué venía antes, el rayo o la lluvia? ¿Qué provocaba qué? ¿Quién golpeaba primero? ¿Cómo podría copiarle a la maestra naturaleza los apuntes para reproducirlos a una escala humana y doméstica? A la vuelta se encontraba a Macak, su gato, debajo de la cama. Tenía el pelo erizado. Le asustaban las tormentas.

La idea de esta máquina lo acompañó toda la vida. Empezó por producir él mismo rayos eléctricos, muchos años después, en su laboratorio de Colorado Springs. Tenía que encontrar el mecanismo que funcionara convirtiendo el agua en nubes para precipitarla a voluntad sobre los desiertos. «A fe que me he dedicado a la perfección de esa máquina –dijo–. En 1908, rellené una instancia describiendo un aparato con el que creía que se podría lograr el prodigio. El examinador de la oficina de patentes era de Missouri. No creyó en mi invento. No me concedieron la patente».

Podemos imaginar la escena entre el de Missouri y Tesla.

—¿Una máquina capaz de absorber toneladas de agua del Pacífico, condensarla en el aire, transportarla en forma de nubes hasta el desierto de Colorado por medio de vientos artificiales y precipitarla a la tierra con tormentas programadas? Lo siento, señor, ¿cómo ha dicho que se llama?

—Tesla. Nikola Tesla.

—Lo siento mucho, señor Tesla. Su invención es imposible.

Tesla estaba convencido de que podría lograrlo. «Sé con total seguridad que podemos levantar una planta adecuada en una región desértica y ponerla en marcha –dijo–. Con supervisión y siguiendo ciertas directrices extraeremos del océano cantidades ilimitadas de agua y así regaremos y obtendremos energía. Si yo no vivo lo suficiente para conseguirlo, lo hará otro, pero estoy convencido de estar en lo cierto».

❏❐❑

Una tarde de invierno, en la montaña, vio un alud de nieve. Era una bola blanca rodando cuesta abajo. A medida que bajaba, se iba haciendo más grande. Hasta que se extendió como una alfombra gigante y cubrió la ladera entera. Entonces sobrevino la avalancha. Se tragó la propia nieve, los árboles, la tierra, todo. La gente salió corriendo. Él se quedó allí clavado, con la boca abierta, contemplando el espectáculo, sobrecogido. Un gran día: la naturaleza escondía mecanismos capaces de liberar cantidades enormes de energía. Acababa de darse cuenta.

«En el colegio había unos cuantos modelos mecánicos que me hicieron reparar en las turbinas de agua. Construí muchas –escribió años más tarde–. Me divertía probándolas». Un día vio una ilustración de las cataratas del Niágara. Se quedó fascinado. Ahí sí que había agua con la suficiente fuerza como para producir relámpagos. Al mirar la imagen sintió una corazonada. Pudo escuchar el estruendo de la catarata. Sintió la energía del agua, la vibración del lugar con viveza. Era como si ya conociera esa inmensa maravilla. Ya la había visto en sus sueños, o en la oscuridad del útero, o en algún territorio invisible y olvidado. Fue la premonición de un recuerdo. Supo que Niágara le esperaba, que, en realidad, le llevaba esperando desde siempre.

—Algún día iré a América y allí construiré una gran turbina de agua –le dijo a su tío Petar, hermano de su madre.

Su predicción era exacta. Treinta años más tarde, construyó la primera central hidroeléctrica en las cataratas del

Niágara, que empezó iluminando Búfalo y después todo Nueva York. De las pequeñas turbinas en la escuela, a electrificar el mundo con la energía del agua. Cuando su corazonada infantil se convirtió en vivencia, dijo: «Me quedé maravillado, alucinado y perplejo por el poder de la mente, ese misterio insondable».

No fue la única vez que adivinó el futuro. Un día iba paseando por la orilla del río con su otro tío materno, Pajo Mandich. Estaba atardeciendo. Las truchas pegaban saltos y él jugaba a tirar piedras. Entonces se detuvo y dijo:

—Ahora mismo, va a saltar una trucha, voy a tirarle una piedra que la estampará contra las rocas y la partirá en dos mitades, ¡mira!

Y saltó la trucha. Él lanzó la piedra. La estrelló contra una roca. Y la partió en dos mitades, la cabeza y la cola.

—¡*Vade retro,* Satanás! –gritó su tío alejándose.

El pobre Pajo estuvo varios días sin dirigirle la palabra. Sus dos tíos pensaban lo mismo: su sobrino era un humano con poderes que los asustaban. Aun así reconocían que era un buen chico. Él no tenía la culpa de poseer una mente que parecía de otro mundo. Además, resultaba inofensivo. Se pasaba todo el día jugando con sus turbinitas de agua y diseñando artilugios demasiado imaginativos para llegar a ser prácticos. Les contaba que quería construir un anillo flotante alrededor del ecuador de la Tierra. Giraría todo el tiempo a una velocidad de mil seiscientos kilómetros por hora. La idea era llenarlo de pasajeros que darían la vuelta al mundo sin necesidad de moverse de sus asientos.

Cuando Nikola les hablaba, sus dos tíos escuchaban y asentían en silencio. Se le ocurrió, por ejemplo, un sistema de correo totalmente novedoso. Consistía en enviar cartas y paquetes a través de los mares y océanos mediante una tubería submarina con contenedores esféricos lo suficientemente fuertes como para resistir la presión hidráulica. El correo acuático, qué ocurrencia. «Mi visión era clarísima –diría Tesla al recordarlo–, pero mis conocimientos de los principios y leyes resultaban, por aquel entonces, muy limitados». En el fondo, sus parientes confiaban en él. Aquel muchacho de mente febril y cuerpo flacucho podría llegar, algún día, muy lejos.

Muchos años después, sus dos tíos maternos, Petar y Pajo, le pagaron el pasaje del barco a América. Estaban convencidos de que Nikola acabaría conquistando el futuro, ese tiempo tan incierto que su sobrino parecía prever con una facilidad asombrosa.

A los veintisiete años, Tesla abandonó Europa con la cabeza llena de sueños y su modelo de motor de corriente alterna. En el viejo continente, no había encontrado a nadie que quisiera financiarlo. «Vete a América», «Cruza el charco», oía a su alrededor todo el rato. Había encontrado en París un buen trabajo como ingeniero, pero sus planes eran más ambiciosos. De haberse quedado allí, tal vez habría acabado siendo un hombre triste y gris, sepultado por el fracaso de no hacer realidad su sueño. América era un país muy joven. Como él, estaba empezando. Sí, iría a América. Allí encontraría algún inversor que apostara por su talento. Su motor iba a conquistar el mundo. Sólo tenía que cruzar el océano Atlántico. El agua era el único elemento que le separaba del éxito. «Liquidé lo poco que tenía —escribió muchos años después—, reservé asiento y llegué a la estación justo cuando el tren arrancaba. En ese mismo momento me di cuenta de que había perdido el dinero y los billetes». Mientras corría por el andén pegado al tren, «Las ideas, como las oscilaciones de un condensador, se me agolpaban en el cerebro». Tenía que decidirse. Gracias a su agilidad, pudo subirse al tren. «Tomé la decisión adecuada justo a tiempo». Se las apañó para llegar al puerto y colarse en un barco llamado Saturnia.

Fue una travesía muy lenta, con motín a bordo. Lo de siempre: el capitán y los oficiales —arriba— maltrataban al resto de la tripulación —abajo—. Bastó que un fallo de las calderas provocara una amenaza de incendio para que los de arriba y los de abajo se enzarzaran en una pelea durísima en la que intervino Tesla. Él iba con los de abajo. Los golpes que recibió le dejaron magullado, pero entero.

Muchos años después, en septiembre de 1898, Tesla presentó el primer objeto teledirigido de la historia. Fue durante la primera Feria de la Electricidad en Nueva York. En medio del gran auditorio del Madison Square Garden, dentro de una enorme cubeta llena de agua, puso a navegar un barquito de hierro de dos metros de largo, accionado a distancia mediante ondas hertzianas. Tesla quería demostrar que la transmisión de energía sin cables no era un sueño. Estaba alumbrando el control remoto.

El barco podía acometer cualquier maniobra. Disponía de una antena en mitad del techo para recibir las ondas de radio, un receptor dentro del casco, un motor o cerebro mecánico que interpretaba las órdenes que recibía del receptor, una serie de mecanismos motorizados para ejecutar las órdenes y tubitos metálicos con lámparas eléctricas. Era una maravilla.

Aquello empezó a navegar como por encantamiento. Los hilos que lo movían eran invisibles. Milagro. En las gradas del Madison Square Garden, abarrotadas, se hizo un silencio. Se rompió, igual que un cristal, tras uno o dos minutos, con estrépito. Comenzaron a correr rumores:

—Ese tío es un mago, no un científico.

—Sí, es un truco y está muy bien hecho.

—¿No será magia negra? A ver si va a ser peligroso...

—A lo mejor es un telépata y puede dar órdenes con la mente, desde lejos.

—Pero, ¿a quién le da las órdenes? No hay nadie dentro del barco.

—¿Cómo que no? Es imposible que se mueva solo.

—A lo mejor lleva un mono dentro.

—No. No le cabe un chimpancé.

—Pero le cabe un tití.

—Sí, un mono muy pequeño.

—Seguro que está amaestrado.

—Es un mono muy listo. Mira cómo obedece.

Tesla acababa de pedirle al público que dirigiera órdenes al barco. La gente empezó a gritar:

—¡Que gire a babor!

Y el barco giraba.

—¡Que vaya más deprisa!

Y aceleraba.

—¡Que dé una vuelta completa alrededor de su eje!

Y ejecutaba un círculo completo.

—¡Que vaya hacia atrás, a ver si se choca!

Y el barco daba marcha atrás sin estrellarse. Se detenía justo antes de tropezar con la pared de la cubeta.

Tesla paró el artilugio. Lo sacó del agua. Y lo alzó en el aire para que todos lo vieran. Nada por aquí, nada por allá, pero, señores, no es magia; lo que acaban de ver es ciencia. Un «¡Oh!» estremecido recorrió las gradas. El barco de hierro parecía de otro mundo, todo un fenómeno lleno de misterio.

Entre los asistentes, había un niño de la mano de su padre que contemplaba el barco con la boca abierta. Se apellidaba Quinsby. Aún no podía imaginar que muchos años después, durante la segunda guerra mundial, sería el responsable de las armas electrónicas en el estado de Florida.

«Aunque no podía ser consciente de la trascendencia de aquello, me quedé asombrado –diría al recordarlo–. El hombre que lo manejaba no estaba utilizando el código morse, sino ondas de radio, suficientes para controlar aquel aparato que parecía pilotado por alguien invisible. Tenía su propio código. Su receptor codificaba y descodificaba las órdenes que recibía del público y las ejecutaba automáticamente. Impresionante».

Estaba asistiendo al inicio de todos –todos– los teledirigibles, desde los misiles hasta los juguetes.

La feria duró varios días. El ingenio de Tesla fue la estrella. Ocupó muchas portadas y conversaciones.

«En cada demostración —contaba Tesla— les pedía a los espectadores que le dieran órdenes. El barco podía hacer lo que ellos quisieran. Les parecía magia, pero, en realidad, era muy sencillo. Era yo quien las ejecutaba».

El ingeniero jefe de patentes tuvo que personarse en la feria para comprobar que lo que pretendía patentar el genio era posible. No se lo había creído cuando el inventor se lo describió en la oficina. Y cuando Tesla llamó a Washington para ofrecerle el invento al Gobierno, el oficial que cogió el teléfono, al oír las prestaciones del barquito, soltó una carcajada. ¿Cómo iba a navegar un barco con el timón a varios metros de distancia? «Nadie creía que existiera la menor posibilidad de perfeccionar un aparato de este tipo», escribió Tesla.

«Lo que acaba de ver —le dijo el inventor a un testigo— no es un barco que se mueve sin cables, sino el primer ejemplar de una generación de robots, hombres mecánicos que harán el trabajo más duro y pesado de la especie. Y en tiempos de guerra, salvará muchas vidas. No se necesitarán soldados».

Era el germen de la robótica, una ciencia para la que Tesla albergaba grandes planes. Él la llamaba «teleautomática». «Es un nuevo arte; el arte de controlar los movimientos y operaciones de autómatas distantes», escribió el genio. No sólo insuflaba vida a los objetos —eso ya lo había conseguido su motor eléctrico—, sino que lo hacía a distancia. Más difícil todavía, igual que un dios invisible alentando a sus criaturas.

La idea no le vino observando el mundo físico, sino mirando en su interior, como hacen los místicos. «He comprobado, para mi satisfacción, que soy un autómata dotado de poder de movimiento, que sencillamente responde a los estímulos externos que asaltan mis órganos sensoriales y piensa, actúa y se mueve en consecuencia», dijo. Llegar a esta conclusión le había llevado años. Primero, se propuso localizar la causa exacta de cada uno de sus pensamientos y actos. Se mantuvo muy atento a todo lo que pensaba, decía o hacía. Se despertó. Dejó de actuar semidormido e inconsciente. Era un experimento para poder comprender el funcionamiento de su mente. «Adquirí la destreza de localizar, en cada ocasión y casi siempre de manera instantánea, la impresión visual que había desencadenado el pensamiento». Y no sólo eso. «No mucho antes —escribió—, me había dado cuenta de que mis movimientos también eran impulsados de la misma manera y así, buscando, observando y comprobando sin descanso, año tras año, me he demostrado, mediante cada pensamiento y cada acto, que no soy más que un autómata desprovisto de libre albedrío en pensamiento y acción, sensible a las fuerzas del entorno».

Era su teoría mecanicista de la vida.

Tesla pensaba que eso es lo que somos: autómatas. «Nuestros cuerpos poseen una estructura tan compleja —dejó escrito—, son tantos y tan sofisticados los movimientos que ejecutamos y tan sutiles y escurridizas las impresiones externas en nuestros órganos de los sentidos que a la persona le resulta difícil darse cuenta de este hecho». Según Tesla, la mayoría nos conducimos gracias a un control remoto y continuo.

Actuamos inconscientemente. Funcionamos con el piloto automático, sin percibir las influencias externas, que son las que nos manejan. «La enorme mayoría de los seres humanos nunca son conscientes de lo que está sucediendo ni a su alrededor ni dentro de ellos, y son millones los que caen enfermos y mueren prematuramente por culpa de esto. Los incidentes cotidianos más normales les parecen inexplicables y misteriosos. Uno puede sentir una súbita sensación de tristeza y escarbar en su cerebro buscando una explicación cuando podría darse cuenta de que la causa no es más que una nube que nubla los rayos del sol. Puede asaltarle la imagen de un amigo querido de forma inesperada cuando, poco antes, se ha cruzado con él por la calle o ha visto su foto en algún sitio. Pierde un botón del cuello y se enfada y maldice durante una hora, incapaz de visualizar sus acciones previas para encontrarlo inmediatamente. La falta de observación es una mera forma de ignorancia, y la responsable de que prevalezcan muchas nociones malsanas e ideas ridículas». Son sus palabras.

Después de darse cuenta de que él era un robot de carne y hueso, con células que almacenaban millones y millones de bits de información para seguir funcionando, decidió construir su propio autómata. «Sería mi representación mecánica –dijo–, aunque, naturalmente, respondería de una manera mucho más primitiva que yo a las influencias externas».

Mirando una puesta de sol e imaginando los movimientos de la tierra, había construido los motores de corriente alterna. Observando el vuelo de moscas y libélulas, había diseñado un avión que despegaba y aterrizaba verticalmente. Esta vez se copiaría a sí mismo. Él, un humano, sería su propio modelo para diseñar su autómata. Se propuso crear un ser a su imagen y semejanza.

Sabía que sería más tosco, pero no importaba. «Tendría que disponer de una fuerza motriz, órganos para la locomoción, órganos directrices y uno o más órganos sensibles sintonizados para percibir los estímulos externos. Esta máquina, pensaba yo, ejecutaría sus movimientos igual que un ser vivo, pues contaría para ello con todos sus elementos básicos». Pero para convertirse en un humano completo —razonaba Tesla— al ingenio le faltaban la capacidad de crecimiento, de reproducción y, lo más importante, una mente. Él mismo solucionaba estas carencias: «Que crezca no es necesario; la máquina se fabricará totalmente desarrollada. En cuanto a su capacidad de multiplicarse, queda fuera de consideración, ya que se trata simplemente de un proceso de fabricación en serie».

Aún le faltaba la mente, ese misterio insondable y el asunto más complejo en el autómata. «Que sea de carne y hueso, o de madera y acero, es lo de menos, siempre y cuando pueda obedecer todas las órdenes que reciba como si fuera un ser inteligente. Para ello, tendría que tener un elemento que equivaliese a la mente, encargado del control de sus movimientos y operaciones y que, en caso de imprevistos, lo impulsaría a actuar con conocimiento, razón, juicio y experiencia». Y aquí la ciencia comienza a parecer magia. Tesla tenía resuelto el problema. «Podría incorporarle al autómata este elemento de una manera muy fácil, transmitiéndole mi propia inteligencia, mi propio entendimiento». El autómata sería su réplica; su cerebro, el del propio Tesla, que controlaría a distancia la voluntad y la conducta de la máquina.

Al principio, pensó en dotar al robot de sensores y ojos sensibles a la luz, pero los descartó. Las ondas de sonido le parecieron más eficientes. El autómata respondería, así, sólo a la voz de su dueño, «como un sirviente fiel», sordo y sin reacción ante cualquier otro estímulo. «Se comportaría —según Tesla— exactamente igual que una persona con los ojos vendados obedeciendo órdenes a través del oído».

Por primera vez en la historia, alguien hablaba de robots teleobedientes. «Este arte sólo está empezando —escribió Tesla—. Las "mentes prestadas" de los autómatas, por así decirlo, son parte del dispositivo que opera a distancia transmitiendo órdenes inteligentes. Pero, en contra de todos los que hoy piensan que eso es imposible, yo me propongo demostrar que se puede construir un autómata con "su propia mente". Quiero decir que será capaz de ejecutar faenas y operaciones como si dispusiera de inteligencia, respondiendo por sí mismo, en libertad y sin depender de un operador, a estímulos externos que estimulen sus sensores. Podrá seguir objetivos trazados e instrucciones recibidas con mucha antelación; será capaz de discernir lo que debe y no debe hacer; y podrá tener experiencias, es decir, recordará impresiones que influirán, sin duda, en sus acciones futuras. De hecho, ya he concebido uno».

El barquito que enseñó en el Madison Square era sólo un botón de muestra. «El mundo se mueve despacio y es difícil ver las nuevas verdades —escribió el genio—. Los teleautómatas acabarán construyéndose, podrán actuar como si poseyeran su propia inteligencia y su llegada será una revolución».

Tal vez Tesla llevaba razón. Tal vez no seamos sino robots de carne y hueso. Tal vez tengamos que despertar para dejar de serlo.

Tierra

New York, New York, la tierra de los sueños, la tierra prometida. Pisó la ciudad el 6 de junio de 1884. Le faltaban treinta y tres días para cumplir veintiocho años.

No pudo ver la estatua de la Libertad desde el barco porque no la inauguraron hasta dos años más tarde. Aquel tórrido verano, Frédéric Auguste Bartholdi, su escultor, estaría rematándole la cara, masculina pero hermosa, una cara de cobre. Nos resultaría literario imaginar que vio en la antorcha, con su cubierta de oro alumbrando el puerto, una metáfora de la luz eléctrica que él mismo acabaría instalando en la ciudad porque ya la llevaba en su cabeza, pero no.

Al desembarcar tenía, exactamente, cuatro centavos, su diseño para una máquina voladora, un cuaderno con sus poemas y una carta de recomendación para Edison.

Era todo cuanto poseía en el mundo el emigrante Tesla.

Esa noche pensaba hospedarse en casa de un conocido. Mientras buscaba la dirección, se topó, en la puerta de un taller, con un hombre que, a gritos, insultaba a una máquina averiada.

—¡Estas jodidas máquinas extranjeras! ¡No sirven para nada! ¡Se me ha atascado otra vez! ¡Me cago en el puto aparato!

Tesla se ofreció a arreglársela. En menos de media hora, la máquina funcionaba.

—¿Te gustaría trabajar para mí?

Acababa de pisar América y ya le llovía el trabajo. Pero Nikola Tesla era un genio. Él albergaba otros planes.

—No, muchas gracias –dijo.

En prueba de su gratitud, el hombre le dio veinte dólares. Su primer billete americano. Pensó que era un buen augurio. Se había ganado el jornal. Por fin en tierra dorada. Sus sueños iban a cumplirse.

Siete años más tarde, el 30 de junio de 1891, el Gobierno de los Estados Unidos le declaró oficialmente ciudadano norteamericano. Fue uno de los días más felices de su vida, tanto que cuando ya era muy viejo, dijo: «Guardo los papeles que me concedieron la nacionalidad estadounidense en una caja fuerte. Todo lo demás –registros de patentes, diplomas, doctorados *honoris causa,* premios y medallas– lo tengo en viejos baúles». Tal era su sentimiento con respecto a América. Se sentía muy orgulloso de pertenecer a la tierra de los sueños que había acabado acogiéndolo como a un hijo propio.

En 1898, uno de sus osciladores estuvo a punto de derribar varios edificios. Fue en su laboratorio de la calle Houston, en Manhattan. Era un pequeño aparato, del tamaño de un reloj de mesa. Para accionarlo, lo colocó en el centro del recinto, junto a una enorme viga de hierro anclada en los cimientos. Estaba experimentando el fenómeno de la resonancia. Las vibraciones se transmitieron a través del hierro hasta el subsuelo y desde allí se fueron propagando a los sótanos vecinos. En la comisaría de Mulberry Street, a cien metros del laboratorio, los policías se asustaron al ver cómo temblaban los cristales de las ventanas, las mesas y las sillas. Instintivamente supieron que la culpa era de Tesla. Los transeúntes también notaron que las aceras temblaban. Huyeron despavoridos. El inventor se dio cuenta de que el experimento estaba yendo demasiado lejos. Intentó pararlo, pero funcionaba por compresión de aire y seguía vibrando. Entonces cogió un martillo de picar piedra. Lo destrozó a golpes. Cuando la policía llegó al laboratorio, le sorprendieron dando los últimos martillazos.

—Llegan con retraso –dijo Tesla–. Si vuelven esta tarde, les sorprenderé con un aparato más divertido. Y ahora, si me disculpan, tengo mucho trabajo. Muchas gracias. Buenos días.

Poco tiempo después quiso comprobar la resonancia a través del acero. Buscó y encontró un edificio en construcción de diez plantas, con todas las vigas de acero al aire. Era pleno día. Los albañiles se afanaban con los ladrillos, las carretillas, el cemento. Tesla sacó del bolsillo su aparato, un oscilador muy pequeño, esta vez del tamaño de un reloj de pulsera. Lo pegó a una viga. El edificio comenzó a temblar. Los obreros entraron en pánico. Creían que era un terremoto. Lo desalojaron. Llamaron a los bomberos. Con disimulo, Tesla quitó el aparato de la viga, lo desconectó, se lo guardó en el bolsillo y se alejó del edificio.

Tesla conocía muy bien la Tierra, igual que el mejor alumno al profesor que admira. Llevaba años escuchándola, tomando apuntes, se los sabía de memoria. Dejó dicho que en un futuro cercano se sucederían muchos terremotos.

❑❐❑

Gaia, ese ser que respira, late y navega girando en el sistema solar, dentro de la Vía Láctea, un organismo vivo e inteligente, perfectamente ensamblado en el gran engranaje. «Nuestro planeta, con toda su espléndida inmensidad, no es más que una pequeña bola de metal para la corriente eléctrica». Son palabras de Nikola Tesla. Estaba convencido de que aliándose con la electricidad podría transmitirla a todo el planeta, sin necesidad de cables, de una forma sencilla, casi gratuita y accesible para cualquiera. Sí, podría enviarla desde sus bobinas, capaces de producir millones de voltios, a cualquier punto de la Tierra prescindiendo de tendido eléctrico y contadores. «La Tierra es un conductor natural perfecto –escribió–, y podemos disponer de ella para infinitos usos que la ingenuidad humana cree que sólo pueden lograrse con el tendido de cables».

Pero necesitaba probar su idea. No podía hacerlo en su laboratorio de Manhattan. «Como mis bobinas producen cuatro millones de voltios –le escribió a un amigo–, las chispas en las paredes y techo amenazan con provocar un incendio». Tenía que instalarse en un enclave aislado de la población y cerca de una central eléctrica. No quería correr riesgos. Ya había tenido bastante con el incendio que desbarató sus planes cuatro años antes. «Todo lo que necesito —dijo— es energía eléctrica, agua y un buen carpintero que siga mis instrucciones para levantar el laboratorio. El experimento que llevaré a cabo es secreto».

Uno de los inversores de este proyecto había comprado acciones en la central eléctrica de Colorado Springs. «Si se instala allí dispondrá usted de cuanta electricidad necesite», le dijo. Era un lugar perfecto. La limpieza y sequedad del aire provocaban aparatosas tormentas. A dos mil metros sobre el nivel del mar y a los pies del monte Pike, Colorado Springs permanecía todo el año cargado de electricidad estática. Allí, en medio de una pradera donde pastaban las vacas, levantó un laboratorio de base cuadrada, con una torre central de veinticinco metros, coronada por una esfera de cobre. Era su transmisor de aumento, la joya de sus inventos, su bobina estrella, desde la que comprobaría que podía transmitir energía al mundo entero. «Se trata —escribió— de un transformador en resonancia adaptado a las necesidades, constantes y propiedades eléctricas del planeta, diseñado para transmitir de modo eficaz y rápido energía sin necesidad de cables».

Llegó a Colorado Springs el 18 de mayo de 1899. El vecino más cercano al laboratorio era la Escuela para Ciegos y Sordos de Colorado. Discreción asegurada. El pueblo quedaba a más de un kilómetro.

Con el fin de evitar a los curiosos, puso en la valla el cartel «Prohibido el paso. Peligro de muerte». Pero los habitantes de Colorado Springs siguieron husmeando. Un inventor de Nueva York en su pueblo, menudo acontecimiento. Puso otro cartel con una cita de Dante, perteneciente al «Infierno» de *La divina comedia*: «Vosotros que entráis aquí, abandonad toda esperanza». No quería merodeadores. Su experimento era *top secret,* una sorpresa que dejaría boquiabierto a todo el orbe. Sólo había revelado que pensaba enviar la electricidad libremente a cualquier coordenada de la Tierra.

Como los vecinos del pueblo siguieron metiendo las narices, decidió tapar las ventanas con tablas de madera. Ni por ésas. Los niños siguieron acudiendo. Espiaban por las rendijas.

Tesla trabajaba de noche. Auscultaba la Tierra, como un médico con el estetoscopio sobre el pecho de un paciente. Los vecinos empezaron a observar que de la cabeza de la enorme torre salían culebras eléctricas. El inventor de Nueva York lanzaba rayos al aire. ¿Cómo lo hacía?

—¡Hey!, ¿habéis visto eso?

—¡Son rayos! ¡Rayos de tormenta!

—¡Joder! ¡Qué espectáculo!

—¿No será peligroso?

Por las noches, el cielo de Colorado Springs se llenaba de luces. Sonaban como los truenos. Restallaban como los relámpagos. Tesla se dedicaba a producir descargas eléctricas, a provocar tormentas sin lluvia más espectaculares que las de la madre naturaleza. Cada vez que encendía el transmisor, los pararrayos vecinos, a más de una veintena de kilómetros, escupían efectos de una luz preciosa. Los vecinos empezaron a asustarse. Aquel tipo extraño, que se alojaba en el Alta Vista, un hotel de su pueblo, podría no ser de este mundo. No era normal que un humano dispusiera de ese poder, el poder de crear relámpagos. Eso era asunto del cielo, o de Dios, o del diablo, pero no de un hombre. Les prohibieron a sus hijos acercarse y husmear por el laboratorio. Y se santiguaban si se lo cruzaban por la calle.

Todo se complicó cuando advirtieron que saltaban chispas del suelo. Las provocaba la fricción de las suelas al caminar por las inmediaciones. Parecían inofensivas, pero los caballos se encabritaban; calzaban herraduras. Las vacas mugían, las ovejas balaban, los pájaros se despertaban. Y, al parecer, cualquier objeto de metal tirado en el suelo cobraba un halo brillante, como de bombilla. El transmisor de Tesla, esa enorme bobina, enviaba la electricidad no sólo al cielo, sino también a ras de la tierra, por la que se transmitía en todas las direcciones.

A cuarenta kilómetros del laboratorio, colocó en el suelo doscientas lámparas incandescentes. No llevaban cables. Accionó el trasmisor conectado al amplificador y se encendieron todas. Su sueño era posible: para captar la electricidad que circulaba libre, bastaban una antena metálica de la altura de una casa, un receptor y una toma de tierra. Tesla estaba comprobando que la energía podía conducirse no sólo por el suelo, sino también a través de la ionosfera. Por la tierra y por el aire. Asimismo, había descubierto las ondas terrestres estacionarias. «Una maravilla», según sus palabras. «La Tierra responde a vibraciones eléctricas de determinados tonos igual que un diapasón responde a determinadas ondas de sonido. Estas ondas estacionarias, que son vibraciones eléctricas muy especiales, pueden estimular la Tierra tan poderosamente que podrán sernos muy útiles».

Para soportar el ruido y amortiguar los chispazos de los relámpagos artificiales, Tesla y sus ayudantes se protegían los oídos con algodón y las suelas de los zapatos con corcho y goma. Aun así, cuando terminaba los experimentos y se encerraba en el hotel, el genio seguía oyendo un zumbido constante dentro de su cabeza. Llegó a temer por sus tímpanos. Pero era un hombre feliz. Se sentía exultante. «Me encantaría que pudieras contemplar los icebergs y copos de nieve que hago flotar en el aire de Colorado Springs –le escribía a un amigo–. La Tierra está viva». Llegó a conseguir relámpagos de 12 millones de voltios. Cada vez que ponía en marcha las bobinas, los osciladores y el gran transmisor, cada vez que la torre comenzaba a escupir rayos, parecía que entraba en éxtasis. Una comunión perfecta entre su corazón y el planeta. Ésa era su forma de conversar con la Tierra. «Encerrado allí, en mi laboratorio –escribió–, podía sentir el pulso del orbe».

En Colorado Springs, las mañanas eran tranquilas, al igual que las noches en las que Tesla no encendía el transmisor. Entonces el cielo permanecía limpio y seco, despejado, mientras la mente de Tesla seguía funcionando. Por el pueblo, corría el rumor de que el inventor de Manhattan era un brujo. Si le mirabas directamente a los ojos podía hacerte magia.

Una noche, después de una larga sesión de relámpagos, comprobó que en el aire del laboratorio flotaba una niebla tan densa que no podía verse las manos. Para no tropezar caminando, tenía que ir palpando el aire. Supo que había descubierto algo importante. No sólo provocaba rayos. También condensaba el vapor de agua hasta convertirlo en una nube espesa. Las posibilidades de este hallazgo podrían ser infinitas. En el futuro, se podría dominar el agua, al igual que ya se dominaba la energía eléctrica. Revivió aquella tormenta que experimentó de niño, en la que ideó un mecanismo capaz de evaporar el agua del océano y llevarla soplando igual que el viento hasta regiones desérticas. Se encontraba sólo a un paso de lograrlo.

Otra noche, vio esferas de luz flotando por el aire del laboratorio. No les concedió importancia, ya que dedujo que se trataba de una simple consecuencia. Tal vez fuera un fenómeno paranormal y ajeno a sus experimentos que había acudido a husmear atraído por la espectacularidad de los relámpagos. Lo más peligroso eran las bolas de fuego que provocaban algunas interferencias de las oscilaciones. «Tienden a saltar a grandes distancias –escribió el inventor–, y si pillaran a alguien en su trayectoria o cerca de ella, lo destruirían en el acto». Era muy consciente de que debía manejar su equipo con sumo cuidado. Conocía los peligros. «Desde el primer día –confesó más tarde– me di cuenta de que mis ayudantes trabajaban en tensión constante, con los nervios de punta. Hubo alguno que no pudo soportarlo».

El 3 de julio de 1899, Tesla decidió probar la potencia real de su central emisora. Accionaría su transmisor con el amplificador, todas las bobinas y osciladores, provocando, así, la mayor tormenta que podía crear un hombre. Esa noche, se presentó en el laboratorio ataviado con bombín y su mejor levita. En realidad, era el anfitrión de una fiesta sin precedentes en la historia humana. Le había dicho a Czito, su ayudante:

—No sabemos qué va a ocurrir. Y tenemos que estar preparados.

Iban a producir millones de voltios con intensas corrientes eléctricas de alta frecuencia. De la torre iba a salir una tormenta seca con un aparato eléctrico que podría divisarse a centenares de kilómetros. Atronarían la comarca. Pero ignoraban qué podría suceder con ellos, dos seres humanos experimentando y, por tanto, literalmente pegados al núcleo de las descargas.

En el interior del laboratorio, Czito debía accionar la palanca para que aquello arrancase. Tesla permanecería en la entrada, contemplando los efectos del experimento, admirando los relámpagos. Lo acordado: cuando Tesla diera la orden, Czito accionaría el prodigio.

—¡Ahora! –gritó Tesla.

El aire se volvió azul. Un rayo iluminó la escena. Las bobinas soltaban culebras; el suelo y las paredes, chispas. Tesla se quedó embobado. Czito temió por su vida. En la punta de la torre, la esfera de cobre comenzó a soltar relámpagos.

Relámpagos y más relámpagos. Olía a ozono. Atronaba. En el pueblo, la gente salió de sus casas. Los caballos relinchaban, pero no se los oía por el ruido de los truenos. Los más asustados rezaban. Tesla también lo hacía, pero a su manera. Estaba sobrecogido. Daba las gracias. Era un hermoso espectáculo. En realidad, era una obra maestra. Todo ese aparataje de rayos y truenos, ah, qué potencia. Czito estaba temblando. Notaba la electricidad metérsele por los zapatos y ascenderle por las piernas, los brazos y la cabeza. Tenía la piel erizada y los pelos de punta. Las bobinas escupían serpientes. Culebreaban por las paredes y el techo. Eran de un azul eléctrico. Si aquello no se detenía, iban a acabar ardiendo.

De pronto, se hizo un silencio. Todo se detuvo entonces. Los del pueblo seguían conteniendo el aliento, pero las vacas, las ovejas, los caballos, las gallinas, los pájaros, por fin, respiraron en calma.

—¿Por qué lo has apagado, Czito? –gritó Tesla desde la puerta.

—¡Yo no he hecho nada, señor Tesla!

—¿Y se puede saber por qué se ha parado? ¿Qué le ha pasado a la torre? ¿Por qué no lanza relámpagos?

—No lo sé, señor Tesla. No lo sé, lo juro.

Czito dio gracias al cielo. Seguía vivo. El aire seguía oliendo a ozono, pero ya no era tan azul. Las paredes, el suelo y el techo permanecían en su sitio. Todo en orden. Habían salido de aquello sin ningún rasguño.

Tesla supuso que la central eléctrica de Colorado Springs acababa de cortarle el suministro. Y llamó muy enfadado.

—Señor Tesla –le respondió una voz al otro lado de la línea–, acaba usted de fundirnos el generador. Nuestra central está ardiendo. Hay un montón de hombres intentando sofocar las llamas.

No volvió a repetir aquel experimento. Tesla era un caballero: pagó de su propio bolsillo los desperfectos. Una vez reparado el generador, siguió emitiendo relámpagos desde su bobina, pero con control.

Czito, por fin, respiró aliviado. No morirían calcinados ni electrocutados en Colorado Springs. Sobrevivirían. En aquella ocasión, según Tesla, habían llegado a producir y enviar 50 millones de voltios. Y habían salido ilesos.

❑ ❑ ❑

Tesla sólo quería utilizar la Tierra como un medio para conducir las corrientes eléctricas. Sabía que el planeta es un conductor excelente. Se bastaba él solo para difundir la energía por la atmósfera y toda su superficie. Si lo conseguía, acabaría con los cables y demás conductores artificiales. Nada comparable al poder de la naturaleza. Sí, era posible. Iba a serlo. Lo sería algún día, sin duda. Cuando se instaló en Colorado Springs, ya llevaba una década intentándolo.

«Al principio –dijo– fue muy difícil. No encontré más que dificultades. Me dediqué muchos años a probar inventos hasta que, por fin, construí una máquina que, para explicarlo en lenguaje sencillo, funcionaba como una bomba, extrayendo electricidad de la Tierra y devolviéndosela a velocidades enormes». Se trataba de su transmisor de aumento. Conectado a la Tierra y a la ionosfera, bombeaba electricidad sin parar. Se accionaba y «así –en palabras de Tesla– generaba ondas o perturbaciones que, al difundirse a través de la Tierra como si ésta fuera el cable, se podrían detectar a grandes distancias por circuitos receptores debidamente sintonizados. De esta forma podía transmitir a gran distancia no sólo efectos débiles para comprobar la señalización, sino cantidades considerables de energía. Mis descubrimientos posteriores me han convencido de que podré transmitir la energía sin cables para fines industriales, con un gran ahorro en costes y a cualquier distancia, a cualquiera, por muy grande que sea».

Toda su vida se desgañitó anunciándolo. Energía sin sintéticos, ni facturas con tasas por potencia contratada, ni por energía consumida ni por alquiler de contadores. Si le hubieran hecho caso, no tendríamos que andar recargando todos los dispositivos que se nos apagan. La Tierra dispone de una batería infinita. No se agota nunca.

Al volver a Nueva York, se sentía eufórico. Había conseguido transmitir señales a una distancia de mil kilómetros. No consideraba que su laboratorio de Colorado Springs fuese una central de verdad, sino una central experimental, a escala muy reducida. «He llevado a cabo pruebas con una central en miniatura –dijo–, en las mismas condiciones reales y operativas en que debería funcionar una central de verdad, y he comprobado que el sistema es viable».

La Tierra le había respondido. Tesla había comprobado, con sus propios sentidos y aún a costa de su vida, que ella era un ser generoso. Abastecería a sus hijos no sólo con sus frutos, sino con su energía.

«¿Dónde está el principio? Quién sabe –escribió Tesla–. ¿Hay alguien que pueda fijar los sutiles límites de la naturaleza? Si pudiéramos percibir con claridad el intrincado mecano de este espectáculo que se despliega gloriosamente ante nuestros ojos, y pudiéramos, también, atisbar su origen, tal vez lo hallaríamos en las dolorosas vibraciones de la Tierra, que comenzaron al separarse de su padre celeste». Así comenzaba una de sus conferencias. Tal era el amor que Tesla sentía por Gaia, nuestro planeta, ése ser en perfecta sincronía con todo lo que la habita.

Sucedió a altas horas de la noche en la soledad de su laboratorio. Salvo Tesla, los búhos y las lechuzas, todos dormían en Colorado Springs. El inventor trataba de mejorar la recepción de las señales débiles. Había diseñado un aparato capaz de indicar la distancia, velocidad y dirección de las tormentas. Se sentía contento. Pensaba que aquella máquina sería muy útil para los meteorólogos futuros, para los marineros e, incluso, para el Ejército. Una vez más, la fuerza en vivo de la naturaleza a merced del hombre.

Entonces empezó a percibirlas. Eran señales muy débiles. Parecían lejanas, pero las detectaba con una claridad absoluta. «En aquel momento –escribió– podía sentir las pulsaciones del globo, observar todos los cambios eléctricos que sucedían en un radio de dos mil kilómetros». Conocía a la perfección los sonidos que emitía la Tierra, sus ondas y frecuencias, como si se tratase de un animal, dormido o despierto. Había intimado tanto con ella, que si aquellas señales procedieran de su piel o sus entrañas, las habría reconocido al momento. Supo que no obedecían a ninguna perturbación eléctrica debida al Sol, las auroras boreales o las corrientes terrestres. Tampoco procedían de la atmósfera. No, aquello era diferente. Tan diferente que se asustó. «Me aterrorizaron completamente. En aquellas señales había algo misterioso, casi sobrenatural», dijo.

Era noche cerrada. Estaba solo en el laboratorio y su aparato captaba y reproducía un sonido como de otro mundo. Señales rítmicas, inteligentes, pautadas, pero entonces él no se dio cuenta. «La idea de que estas perturbaciones fueran señales controladas de forma inteligente no se me ocurrió todavía», escribiría al recordarlo. Pero, de alguna forma, presentía que estaba a punto de destapar algún un misterio. Era como si contemplase el velo que lo cubría y sólo tuviera que alcanzarlo con la mano.

Durante las noches siguientes, volvió a poner el receptor en marcha. Allí estaban. Allí seguían y él seguía solo, bajo el tranquilo cielo de Colorado Springs, con el silencio roto por las señales que percibía y el ulular de algún ave nocturna. «¿Qué es eso?», su gran pregunta. Eran un sonido largo, como de burbujas en un fondo acuático con un tono muy profundo y un timbre metálico. Eran solemnes. Cada vez que las escuchaba, se estremecía.

Una noche, por fin, se dio cuenta. Comprobó, reloj en mano, que eran periódicas. Se sucedían siguiendo una pauta. No eran accidentales, ni aleatorias. No las lanzaba el azar. Sugerían un número y un orden.

Su corazón se aceleró. ¿Sería posible que contuvieran un lenguaje?

Las señales siguieron su curso. Tesla permaneció despierto hasta el amanecer. La noche siguiente, volvió al experimento. Sí, seguían un ritmo. Obedecían a un patrón. Albergaban un propósito. «El pensamiento brilló en mi mente», escribió el genio. Todas esas perturbaciones eléctricas que detectaba su aparato se debían a un control inteligente. Eran mensajes lanzados intencionadamente al espacio. Y él acababa de encontrarlos. Quienquiera que los enviara tenía una vida, un sueño, un fin, un estado de ánimo. Poco importaba que, de momento, no pudiera descifrarlos. Estaba seguro: lo que estaba captando su aparato eran señales de extraterrestres. «Tuve la sensación de ser el primer humano en escuchar el saludo de un planeta a otro», dijo.

Podemos imaginarlo en su laboratorio, sentado en una silla, agudizando el oído como un gato, los ojos húmedos, los nervios tensos. «Nunca olvidaré la sensación que tuve al darme cuenta de que estaba observando algo de consecuencias tan impredecibles para la humanidad, nunca. Me sentí como si estuviera asistiendo al nacimiento de una nueva era en el conocimiento, como si estuviera en presencia de la revelación de la Verdad. Incluso ahora, algunas veces, revivo el incidente con total viveza. Y veo el aparato como si lo tuviera delante».

No dejó de pensar en aquellas señales durante los años siguientes. «Es mi idea más querida –escribió en una carta a la Cruz Roja–. He detectado señales eléctricas que parecen inexplicables. Aunque débiles y lejanas, me transmiten la profunda convicción y la corazonada de que pronto, en este planeta, todos los seres humanos unidos fraternalmente como si fuéramos uno, alzaremos nuestros ojos hacia el firmamento con amor y reverencia, emocionados por la feliz noticia: «¡Hermanos! Tenemos un mensaje procedente de otro mundo, desconocido y remoto. Dice: uno…, dos…, tres…».

Estaba convencido de que algún día cercano, dispondríamos de una máquina capaz de enviar mensajes a Marte. «Dado el estado actual del progreso –dijo–, es posible construirla. No nos encontraríamos con obstáculos insuperables para concebirla y ponerla en funcionamiento». Puesto en marcha el invento, el mundo viviría su mayor descubrimiento, una conmoción sin precedentes. «Si los marcianos fueran electricistas cualificados –escribió–, no habría ningún problema en recibir y grabar las señales que nos enviaran. Una vez establecida la comunicación, aunque fuera de la manera más simple mediante, por ejemplo, un intercambio de números, el progreso de la comunicación interplanetaria sería rápido».

Le entusiasmaba esta aventura. El descubrimiento de vida extraterrestre, el intercambio de mensajes con códigos al principio simples, fáciles de descifrar, las inteligencias humana y alienígena identificándose, presentándose, conociéndose, estrechando lazos, la confraternización entre civilizaciones de mundos tan diferentes, pero hijos del mismo universo. Sería como decir: «Hola, estoy aquí. ¿Me recibes?». Terrícolas, marcianos, venusianos o seres emitiendo desde otros soles, otras galaxias, todos compuestos de la misma energía y vibrando todos en la misma frecuencia. Cómo no iba a entusiasmarse con la idea. «Tan pronto como nos enviaran la señal "un, dos, tres", pongamos por caso, si respondiéramos con el "número cuatro", lo tendríamos –dijo–. Los marcianos o los habitantes de cualquier planeta emisor comprenderían que los terrícolas hemos captado su mensaje a través del espacio. Encontrar el modo de lograrlo es muy difícil, sí, pero no es imposible».

Y siguió –siguió y siguió– dándole vueltas. «Nunca dejo de pensar en aquella experiencia. Me esfuerzo constantemente en desarrollar y mejorar mi aparato. Y lo conseguiré. He encontrado una manera de hacerlo». Quería demostrarle al mundo que durante sus experimentos en Colorado Springs no sólo había observado una perturbación eléctrica ajena a la Tierra, sino que había captado «la señal de una verdad grande y profunda».

EL ÉTER

Nikola Tesla creía en la existencia del éter.

Según Aristóteles y sus colegas griegos, el éter es la quintaesencia, el quinto elemento que nutre a los otros cuatro: aire, fuego, agua y tierra. Para los antiguos maestros védicos, el éter es *akasha,* el Om primordial del que nació el universo, la vibración que lo sostiene y lo penetra, la música de las esferas. Hace miles de años, el Nada Brahma de los vedas enseñaba que el universo es vibración. Es el mismo relato que hoy nos enseña la física cuántica. Meditando, con los ojos cerrados, Oriente ya veía lo mismo que está viendo Occidente al tratar de abrirlos con su ciencia.

Cuando Tesla conoció a Swami Vivekananda, se quedó fascinado. Los presentó la actriz Sarah Bernhardt. Swami Vivekananda acababa de aterrizar en Nueva York procedente de su ciudad natal, Calcuta. Era un maestro espiritual que viajaba por el mundo para difundir el yoga y su doctrina vedanta. Para Tesla fue un aldabonazo. Aquel hombre de piel cetrina, con turbante y una mirada profunda y negra, hizo resonar en su espíritu ecos de una sabiduría que ya llevaba dentro. Vivekananda le habló del *akasha* como el origen de todo y campo vibratorio, y del prana, el aliento que mueve el universo. Tesla supo que se estaba encarando con una verdad profunda. Llevaba toda su vida hurgando en el *akasha*. Le prometió que daría con una fórmula matemática que probara su existencia.

En una carta fechada el 13 de febrero de 1896, el maestro hindú escribía: «El señor Tesla se quedó maravillado al oírme hablar del prana y del *akasha*. Cree que puede demostrar mediante una fórmula matemática que la fuerza y la materia pueden ser reducidas a energía potencial. He quedado con él la semana que viene para que me lo enseñe».

Tesla fracasó en su intento. Vivekananda nunca vio la fórmula. Para la filosofía vedanta, el prana es la fuerza vital; el *akasha,* el espacio sutil del que emergen todos los elementos. Más que demostrarlos, lo que el inventor quería era encontrar y aprovechar la energía prima del espacio para poder donársela a la humanidad. Desde que se tropezó con el yogui, comenzó a percibir el universo como una sinfonía de vibraciones con ondas. «Giramos en el espacio a una velocidad inconcebible –dijo–, todo, todo gira, hay energía en todas partes. Tiene que haber alguna forma de poder valernos, totalmente y por nosotros mismos, de toda esta energía».

En aquellos días, no eran pocos los científicos que creían ciegamente en el éter como la sustancia que ocupaba el vacío, ese misterio todavía insondable. De algo tenía que estar compuesta la mayor parte del universo. Hasta que apareció Albert Einstein y barrió –hasta la fecha– el éter o *akasha* con fórmulas que demostraban la relatividad y la curvatura del espacio-tiempo.

A Tesla nunca le convenció Albert Einstein. «Lo que me parece es que la relatividad es como un mendigo envuelto en púrpura a quien la gente toma por un rey», le dijo a un reportero del *New York Times* en 1935. Tenía casi ochenta años. Y murió creyendo en el éter, ese *akasha* vibrante. Muy pocos años antes, se había atrevido a ofrecerle al Gobierno yugoslavo un sistema de defensa contra los nazis en el que su energía podría desplazarse a una velocidad que superaba la de la luz veinte o treinta veces. Tesla nunca creyó que la velocidad de la luz fuera insuperable.

«Sólo la existencia de un campo de fuerza —escribió— puede accionar los movimientos de los cuerpos tal como observamos, y esta afirmación prescinde de la curvatura del espacio. Toda la literatura sobre estos temas es inútil y está destinada al olvido, igual que todos los intentos de explicar el funcionamiento del universo sin reconocer la existencia del éter y la función indispensable que desempeña en todos los fenómenos».

Para los Vedas, el *akasha* o campo vibratorio es la fuente de toda vivencia espiritual e investigación científica verdaderas, esa zona a la que sólo acceden budas, místicos, santos, yoguis, chamanes, sumos sacerdotes y, probablemente, también Nikola Tesla.

❏❐❏

«Oigamos» al genio expresarse. El *Milwaukee Journal Sentinel* publicó el 13 de julio de 1930 el siguiente poema de Tesla, tres días después de que cumpliera setenta y cuatro años.

El mayor logro del hombre

Cuando un niño nace sus órganos de los sentidos entran en contacto con el mundo externo.

Las ondas del sonido, el calor y la luz golpean su débil cuerpo, sus sensibles fibras nerviosas tiemblan, los músculos, obedientes, se contraen y expanden: un aliento, una respiración y en este acto, un motor pequeño, un prodigio de una delicadeza y una complejidad de construcción inconcebibles, se engancha al engranaje del universo.

El pequeño motor funciona y crece, realiza operaciones cada vez más complejas, se va volviendo sensible a influencias más y más sutiles hasta que a ese ser plenamente hecho –ya un hombre– se le manifiesta un deseo misterioso, irresistible e inescrutable: imitar la naturaleza, poder crear todas las maravillas que percibe.

Inspirado por este afán busca, descubre e inventa, diseña y construye e ilumina la estrella de su nacimiento con monumentos de una belleza y vastedad admirables.

Desciende a las entrañas del globo para encontrar sus tesoros ocultos y liberar su energía aprisionada e inmensa para su beneficio.

Invade las oscuras profundidades del océano y las regiones azules del cielo.

Se asoma a los recovecos y rincones más recónditos de la estructura molecular y destapa sus mundos infinitamente antiguos. Somete y domestica el fuego devastador de Prometeo, las fuerzas titánicas de la cascada, el viento y la marea.

Domestica el rayo de Júpiter y aniquila el tiempo y el espacio. Convierte al gran sol en un obrero incansable y obediente.

Tal es el poder y la fuerza que los cielos se estremecen y toda la tierra tiembla sólo con oír su voz.

¿Qué tiene reservado el futuro para este ser asombroso, nacido de un aliento, de tejido perecedero aunque inmortal, con sus poderes temerosos y divinos? ¿Qué magia acabará realizando al final de los tiempos? ¿Cuál será su mayor hazaña, su logro culminante?

Hace mucho tiempo reconoció que toda la materia perceptible proviene de una sustancia original, de una sutileza más allá de la concepción y que llena todo el espacio, el *akasha* o éter luminífero, que actúa sobre y para la vida dando prana o fuerza creativa, convocando todos los fenómenos y todas las cosas a la existencia en ciclos sin fin.

La sustancia original arrojada en giros infinitesimales de velocidad prodigiosa, se convierte en materia; cuando la fuerza disminuye, cesa el movimiento y la materia desaparece, retornando a la sustancia original.

¿Puede el hombre controlar este proceso, el más grandioso y creativo de todos los procesos en la naturaleza? ¿Puede aprovechar su inagotable energía para realizar todas sus funciones a su antojo? Más aún, ¿puede afinar sus medios de control para hacerlos funcionar solamente con la fuerza de su deseo?

Si pudiera conseguirlo, dispondría de poderes casi ilimitados, sobrenaturales. Sin apenas esforzarse, a sus órdenes, los viejos mundos desaparecerían y surgirían nuevos planes.

Podría materializar y conservar las formas etéreas de su imaginación, las visiones fugaces de sus sueños. Podría expresar todas las creaciones de su mente, en cualquier escala, en formas sólidas e imperecederas. Podría alterar el tamaño de este planeta, controlar sus estaciones, guiarlo por cualquier camino que pudiera elegir a través de las profundidades del universo.

Podría hacer que los planetas colisionasen y produjeran sus soles y estrellas, su calor y su luz. Podría originar y desarrollar la vida en todas sus formas infinitas.

Crear y aniquilar la sustancia material, hacer que se agregue en formas según su deseo, sería la manifestación suprema del poder de la mente del hombre, su triunfo más completo sobre el mundo físico, su logro culminante, que lo sentaría al lado de su Creador para así poder cumplir su último destino.

¿QUÉ ES LA ELECTRICIDAD?

Nadie lo sabe. No lo sabía ni el propio Tesla. «El día que sepamos exactamente qué es la electricidad —escribió— viviremos un acontecimiento mucho más importante que cualquier otro registrado en toda la historia de la humanidad. De ahí en adelante, será sólo cuestión de tiempo que el hombre triunfe incorporando su maquinaria a la verdad de la naturaleza. Esperad a ver. Hay que estar preparados para asistir al glorioso evento».

Smiljan, su aldea de infancia. Una tarde de invierno en que la sequedad del aire producía en la nieve un resplandor que cegaba, Niko estaba acariciando a Macak, «el mejor gato del mundo». Y saltaron chispas.

—¿Qué es eso?

—Electricidad —respondió su padre—, lo mismo que ves en el cielo cuando hay tormenta.

«Electricidad», extraña palabra. El gato brillaba envuelto en un halo. Las estrellitas que escupía su lomo al pasarle los dedos crepitaban igual que las de la chimenea, pero no quemaban. Niko siguió acariciando a Macak, cada vez más fuerte, mirando, maravillado, los chispazos que salían del pelo. «¿Es la naturaleza un gato gigante? —se dijo—. Y si es así, ¿quién la acaricia? ¡Es Dios!, sí, sólo puede ser Dios quien lo haga». Hasta que su madre interrumpió sus pensamientos:

—Deja de una vez al gato. Como sigas sobándolo vas a provocar un incendio.

Ésa fue la primera vez que Nikola Tesla se topó con el misterio eléctrico. Tenía tres años.

No hay amistad más profunda que la que se establece entre un niño y su mascota. El viejo Tesla no olvidaría jamás al amigo de su infancia, hasta el punto de atribuirle a aquella anécdota sus comienzos como ingeniero eléctrico. «Sí –diría ochenta años más tarde–. No puedo describir el efecto que despertó en mi imaginación de niño aquella visión maravillosa, el descubrimiento fascinante de las chispas eléctricas. Día tras día, me preguntaba qué era la electricidad y no encontraba respuesta. Ochenta años han pasado desde entonces y todavía me hago la misma pregunta: ¿qué es la electricidad? Sigo sin poder responderla. Si alguno de esos pseudocientíficos que tanto abundan os dice que él sí puede, no le creáis. Si de verdad alguien supiera qué es, yo también lo sabría. Tengo más probabilidad de saberlo que nadie, pues mis experimentos prácticos y mi vida en el laboratorio abarcan tres generaciones de investigación científica».

Curioso que fuera un gato quien le abriera la puerta a su destino, como también resulta curiosa la relación de estos animales con el misterio eléctrico. Perciben campos electromagnéticos y fluctuaciones de diferentes espectros de ondas en el aire imposibles de percibir por los humanos.

Les encanta descansar sobre aparatos eléctricos enchufados, como si esto les sirviera de alimento, prevención o terapia. Así absorben las radiaciones depurando el ambiente. Son tan sensibles a la electricidad que pueden oír el crepitar de la corriente fluyendo por los cables. También hay quien afirma que pueden ver fantasmas. Mi gata Lía, una siamesa, se dedicaba a escrutar la nada erguida sobre sus patas traseras, con las orejas en punta y los ojos despiertos, fijos en algo incorpóreo y, al parecer, fascinante. Además sus ojos son como linternas. Ven en la oscuridad perfectamente.

Lo cierto es que el gato común se maneja en el mundo invisible mucho mejor que un humano medio, al igual que se manejaba Tesla, un humano fuera de serie.

La palabra «electricidad» viene de *elektron,* término griego que significa «ámbar». La explicación es sencilla. Tales, un investigador de la ciudad de Mileto (Grecia) descubrió que el ámbar, después de frotarlo con lana, podía hacer volar las plumas de ave. Magia. Acababa de descubrir la electricidad estática. Y bautizó el fenómeno como *elektron.* Faltaban cinco siglos para que naciera Cristo.

El ámbar es la resina que segregan los árboles al herirse su corteza. Los árboles también lloran. Sus lágrimas son el ámbar. Así que la electricidad lleva el nombre del llanto de los bosques.

❏ ❐ ❏

Cuando Tesla llegó a Nueva York, la electricidad era percibida por el pueblo llano como un fenómeno casi paranormal. En muchas fiestas comarcales, la atracción más pintoresca, anunciada a voces, era el acumulador eléctrico. La gente pagaba por recibir descargas. En los teatros, los electricistas todavía eran magos que luchaban con espadas conectadas a una batería eléctrica. Los aceros, al chocar, provocaban chispas. El público exclamaba «¡Oh!» porque no podía explicarse de dónde salían esos rayos que iluminaban el aire.

Pero los científicos ya la iban conociendo. Les había costado mucho. En realidad, siglos. Desde que Pieter van Musschenbroek, tras sufrir una descarga que casi lo mata, consiguiera almacenarla en un recipiente –llamado botella de Leyden– habían tenido que llevar a cabo todo tipo de experimentos para descifrar qué era aquello que provocaba destellos, hacía que las plumas volaran y daba calambre, como el pez torpedo.

Galvani, por ejemplo, le aplicaba descargas a las ancas de las ranas muertas. El anfibio, entonces, daba espasmos. Se movía. A ver si iba a resultar que la electricidad resucitaba. El sobrino de Galvani, Aldani, fue más lejos. Le cortó la cabeza a un perro. La conectó a una batería potente. Las mandíbulas del can se abrían, le castañeaban los dientes y los ojos se le ponían en blanco. Un fenómeno. Pero Aldani no se conformó con eso. Se hizo con el cadáver de un tal Foster, que había acabado en la horca por asesino, y ante la comunidad científica, le aplicó bastoncillos eléctricos en la boca y una oreja. El rostro se desencajó. Y comenzó a guiñar frenéticamente un ojo, al ritmo de la batiente mandíbula. Luego le colocó un bastoncillo en la nuca y le metió otro en el recto. El cadáver llegó a incorporarse. Espectacular. Se convulsionaba como si estuviera vivo.

Claro que había habido experimentos más poéticos. El de Stephen Gray —uno de los primeros— que colocó a un niño boca abajo tendido sobre dos columpios y esparció un montón de pepitas de oro por el suelo. Al accionar un generador cargado de electricidad estática, las virutas de oro volaban hasta el niño, que también despedía chispas doradas. O la «beatificación eléctrica», consistente en sentar a un individuo en una silla aislante. Se le colocaba una corona de metal y, al cargarla, la cabeza despedía un halo de santidad, brillante.

El experimento de Volta no resulta menos pintoresco. Reclutó a cuatro individuos. Los colocó de pie en un círculo. Al primero, le puso en una mano mojada una placa de zinc y le ordenó que con un dedo de la otra mano tocara la lengua del que estaba a su derecha. Éste segundo tenía que tocarle el ojo al tercero quien, a su vez, sostenía la pata de una rana muerta. Y por último, el cuarto, tenía que sostener con una mano la otra pata de la rana mientras sujetaba con la mano libre una lámina de plata. Volta dijo:

—El primero y el cuarto, que junten sus placas de metal.

Se cerró el círculo. Al contactar los metales, el segundo individuo sintió un sabor ácido en la lengua, el tercero vio destellos luminosos y las ancas de la rana no paraban de convulsionarse. El misterio fluía a través de los cuatro.

Antes de eso, Volta se dedicaba a chupar la electricidad para comprobar si sabía a algo. Se la aplicaba a monedas que después lamía.

Todo esto —y mucho más, con más nombres propios— para hurgar en ese fenómeno que los asombraba tanto. Un buen día, por pura casualidad, Hans Christian Oersted observó que al activar una pila inventada por Volta, la aguja de su brújula cambiaba de posición. La pila era eléctrica; la brújula, magnética. Conclusión: la electricidad producía un campo magnético. Acababa de descubrir el electromagnetismo.

Después, el gran Michael Faraday, fascinado por la combinación de ambos misterios, se dijo: «Si la corriente eléctrica puede generar un campo magnético, un campo magnético también debe generar una corriente eléctrica». ¡Eureka! Demostró que juntos podían crear un movimiento constante: la inducción. Y construyó una dinamo, el primer motor eléctrico de la historia, una especie de tatarabuelo del motor de Tesla.

Durante una conferencia en la que Faraday mostraba las maravillas de su máquina, uno de los asistentes se levantó y dijo:

—Muy interesante, pero ¿para qué sirve la electricidad?

—¿Para qué sirve un recién nacido? –replicó Faraday.

Era 1831 y la electricidad estaba en pañales. Pero a partir de ahí, espabilaría muy pronto, como un niño prodigio. Cuando Tesla llegó a Nueva York, en 1884, hacía ya cuarenta y seis años que Samuel Morse había inventado el telégrafo. Franklin había demostrado que la electricidad también eran los relámpagos mucho antes, en 1749. Conclusión: la electricidad podía ser mortal, pero también servía para comunicarse.

Seguían sin saber qué era y por qué se combinaba tan bien con el magnetismo, pero ya empezaban a dominar ambos campos. «Parecen manifestaciones secretas de agentes misteriosos en su comportamiento dual y único entre las fuerzas de la naturaleza, –decía Tesla–, pero ya no nos dejan perplejos ni nos resultan incomprensibles como antes». Tesla estaba convencido de que muy pronto la ciencia acabaría descubriendo el secreto. «Su observación nos indica que responden a un mecanismo sencillo, y aunque sólo caben conjeturas en torno a su esencia, tengo la intuición y la corazonada de que no tardará en revelarse su verdad. Tenemos la explicación al alcance de la mano».

¿Qué eran? ¿Por qué se desplazaban y corrían los electrones sometidos a un campo magnético? Las bombillas se encendían, las bobinas soltaban chispas, las plumas podían volar, pero ¿quién impulsaba esa fuerza?

«La explicación más probable –afirmaba Tesla– reside en el mundo microscópico, el de las moléculas y átomos girando y saltando de órbita en órbita». Y equiparaba ese micromundo al macromundo del que percibimos algo con el telescopio. «El comportamiento de los átomos es muy parecido al de los cuerpos celestes portadores y, muy probablemente, agitadores del éter o, lo que es lo mismo, portadores de cargas estáticas. La rotación de las moléculas y el éter genera tensiones electrostáticas. El equilibrio en esas tensiones del éter desencadena a su vez otros movimientos o corrientes eléctricas y la trayectoria orbital que siguen es la causa del magnetismo eléctrico y continuo».

A los ochenta años, Nikola Tesla admitió que seguía sin poder definir la electricidad ni el magnetismo.

❑ ❐ ❑

El genio pisó por primera vez el laboratorio de Edison el 7 de junio de 1884, al día siguiente de su desembarco en América. «Me produjo una primera impresión extraordinaria –recordaría Tesla–. Cuando vi a este hombre maravilloso, sin ninguna preparación teórica, que se había hecho a sí mismo, que había llegado tan lejos sólo gracias a su esfuerzo y su trabajo, sentí que había malgastado mi vida. Yo había estudiado una docena de lenguas, arte y literatura y me había pasado mis mejores años merodeando por las bibliotecas leyendo todo lo que caía en mis manos. Me dije: "Nikola, qué mal has hecho en desperdiciar tu vida esforzándote tanto en cosas tan inútiles. Mira todo lo que podías haber hecho si hubieses venido antes a América y te hubieras dedicado a la invención en cuerpo y alma"».

Le deslumbró. Edison tenía treinta y siete años; Tesla estaba a punto de cumplir veintiocho. Ese hombre un tanto rechoncho, con los puños de la camisa negros y el pelo grasiento, algo sordo, que arrastraba los pies y se dirigía a sus ayudantes diciendo: «Oye tú, mocoso» empezaba a ser una leyenda. «El mago de Menlo Park» lo llamaban, por el lugar en el que se ubicaba su laboratorio, en Nueva Jersey. Su empresa, la Edison Electric Company, había levantado la primera central eléctrica del mundo en Pearl Street, a 1,5 km de Wall Street. Abastecía a 508 domicilios ricos de Manhattan. Sus propietarios no pagaban en las verbenas por recibir descargas eléctricas, como los de provincias, sino que presumían de poder permitirse el futuro en sus casas. La electricidad estaba de moda. Hacía un año que Alva Belmont, esposa de William K. Vanderbilt, había dado un baile de disfraces en su castillo de la Quinta Avenida para enseñar sus bombillas a mil invitados. Bajó por la escalera principal disfrazada de luz eléctrica, con una diadema encendida.

El mago de Menlo Mark, con sus lámparas incandescentes y su central en la Gran Manzana, era el artífice de toda esa locura. Pero había un problema. Edison estaba utilizando la corriente continua, sistema en el que los electrones circulan en una sola dirección, siempre hacia delante. Este tipo de corriente hace que los electrones encuentren resistencia a lo largo del cable. Resultado: casi toda la energía se perdía en forma de calor por el camino y llegaba a su destino a duras penas, muy debilitada. Se necesitaban cables muy gruesos y para instalarlos había que cavar zanjas: muchos circulaban bajo tierra. Y los que iban por el aire formaban una tela tan tupida e inquietante que asustaba a los transeúntes. Además, la planta generadora no podía situarse lejos del beneficiario. Para iluminar todo Nueva York y conseguir que la energía se mantuviera estable, se necesitaban muchas centrales, una cada kilómetro.

El sistema era tan deficiente que la prensa se mofaba. La luz que producía era muy débil y provocaba numerosos accidentes. La gran dama que se había vestido de luz eléctrica, acabó ordenando histérica que desinstalarán el generador de su jardín. Le había ardido la biblioteca por culpa de unos cables. Además provocaba ruidos y malos olores y atraía a todos los gatos del vecindario. Les encantaba dormir absorbiendo el campo eléctrico.

Tesla ya sabía –lo había descubierto– que su corriente alterna subsanaría todos los problemas. No era necesario que los electrones fueran hasta el final para luego regresar perdiendo casi toda la energía en el transporte. No. En su sistema, la corriente se alternaba en dos direcciones opuestas. Los electrones fluían hacia delante y hacia atrás en sesenta ciclos por segundo. Resultado: en la corriente, enviada a un transformador, no había prácticamente pérdida de energía ya que subiría el voltaje. Propagaría la energía a muchos más kilómetros, por lo que no necesitaría tantas centrales. Los cables serían más delgados y la luz, más potente.

Tesla era un cándido y Edison, un pícaro, tanto que éste le echó el ojo rápido. Ese croata, remilgado y larguirucho tenía talento, mucho. Así que lo puso a funcionar a toda máquina.

—Señor Tesla, a lo largo de mi vida –le confesó una tarde– he tenido muchos ayudantes muy laboriosos, pero ninguno como usted. Qué barbaridad. No sé cómo aguanta.

Trabajaban diecisiete horas diarias. Todos –hasta Edison– dormían de vez en cuando, pero Tesla, mientras estuvo allí, nunca, jamás, pegó ojo.

Tesla le habló de la corriente alterna. Edison no le hizo caso. Y no era arrogancia sino desconocimiento. Si Edison se hubiera dado cuenta de las ventajas del descubrimiento, habría acabado haciendo lo que se sospecha que ya había hecho antes: firmar el invento, que para eso era el jefe.

Contaba con un equipo altamente cualificado. Se jactaba de no ser físico ni matemático. «No me hace ninguna falta –afirmaba–. Si los necesito puedo contratarlos». Llegaba al laboratorio, ordenaba, supervisaba y después daba el visto bueno. Luego lo anunciaba a la prensa, lo vendía, lo colocaba y se llevaba la gloria. Una especie de Steve Jobs de la época. «En el comercio y en la industria, roba todo el mundo –decía– la diferencia es que yo sé cómo hacerlo».

Así que menos mal que el gran mago de Menlo Park no reparó en las ideas del genio. Se limitó a darle órdenes y admitir que Tesla era un ingeniero «jodidamente bueno». Tiempo después, Tesla se dio cuenta de que su primera impresión de Edison fue falsa. «Tuve el dudoso honor –dijo– de verle trabajar. Si él tuviera que encontrar una aguja en un pajar, examinaría todas las pajas, una por una, hasta dar con ella. No hace falta decir que con un poco de teoría y los cálculos pertinentes se habría ahorrado el noventa por ciento del trabajo». Se sentía desengañado. Edison acabó explotándole y no era el gran hombre tan hecho a sí mismo que él creyó haber visto aquel primer día recién llegado a América. Tesla comprendió que no había malgastado su vida, ni mucho menos, estudiando tanto. «Sin la preparación científica que yo tenía, no habría conseguido producir nada», dijo.

Otis Pond, un ingeniero de renombre, trabajó para los dos en diferentes épocas. Llegó a conocerlos muy bien. Trabajó con ambos codo a codo, diariamente. Al final de sus días, dijo: «Edison era el inventor e investigador más grande de EE. UU., aunque no me atrevería a afirmar que fuera el más original. En cuanto a Tesla, sí me atrevo a decir, sin dudarlo ni un segundo, que era el inventor más genial de la historia».

Tesla trabajó para Edison durante casi un año. Suficiente para que aquél se rebotara y pegara un portazo. Se había cerrado una puerta, pero no tardó en abrírsele otra.

❑ ❐ ❑

George Westinghouse era un empresario con talento para la invención y para hacer dinero. Sabía cómo explotar sus propios inventos. Además de otros dispositivos menores, había patentado el freno de aire para los trenes, lo que le había reportado una fortuna. Era el director de su propia compañía, la Westinghouse Electric Company, y –al contrario de sus competidores– un hombre casi honesto.

Había asistido a la conferencia que el genio ofreció en el Instituto Americano de Ingenieros Eléctricos de Nueva York para presentar sus motores y transformadores eléctricos. Era 1888. Westinghouse se quedó atónito. Vio al instante, supo verlo, lo que no vio Edison: la revolución futura gravitaba en torno a dos palabras: corriente alterna. Sí, ése era el sistema. Iba a acelerarlo todo. Barrería la luz del gas y el empuje del vapor en las máquinas. Ah, el ímpetu de los electrones: adelante, atrás, adelante, atrás, adelante, atrás, como los cuerpos al orbitar la Tierra. Una idea que parecía sencilla, pero que no se le había ocurrido a nadie más que a Tesla. Era como la verdad, tan fácil de comprender que sólo la poseen los niños. El motor resultaba tan elemental y con tan pocas piezas que su fabricación sería barata.

Adiós a la luz mortecina, a los ruidos de las centrales de Edison, a los incendios, a los cables que parecían tuberías de agua.

Westinghouse se presentó una tarde en el laboratorio de Tesla y salió de allí por la noche, con la certeza de que juntos iban a comerse el mundo como si fuera un perrito caliente. Acababan de asociarse. Westinghouse pondría el dinero y Tesla, el talento. Iban a llenar América de motores y fábricas que funcionarían con la corriente alterna y propagarían la luz eléctrica desde centrales generadoras lejos de la población, como Dios manda, a menor coste que las de corriente continua y con una potencia abrumadora.

Co-rrien-te al-ter-na. Westinghouse iba flotando. No era un sueño sino un despertar bueno, bonito y barato.

Pero ya se sabe, el mundo, a los mejores, suele ponerles la zancadilla. Cuando Edison se enteró de que la Westinghouse Electric Company, su competidor directo, había contratado al croata, casi enferma. ¿Que Westinghouse y Tesla iban a levantar centrales eléctricas de corriente alterna? No, aquello no podía estar pasando. Y si era cierto, si era verdad que la corriente alterna se iba a distribuir por todo el país, él, Thomas Alva Edison, hijo de Samuel y Nancy, natural de Milan (Ohio), se iba a encargar de impedirlo. Usaría todas sus tretas, emplearía sus peores artes y contrataría para hacerlo a quien hiciera faltara. No, no y no. Westinghouse no le arrebataría el monopolio de sus bombillas ni su luz eléctrica.

En ese momento comenzó lo que los historiadores han llamado «la guerra de las corrientes», entre la directa –DC–

de Edison contra la alterna –AC– de Tesla. Un conflicto que empezó oficialmente en 1890 y no acabó hasta transcurridos más de diez años.

El primero en disparar fue Edison. Quien da primero, da dos veces, así que el disparo fue doble. Tesla estaba en su laboratorio, tan tranquilo, diseñando sus motores y sus centrales eléctricas. El talento no necesita batirse ni pisar a nadie. Le basta con funcionar para abrirse paso. Fue Westinghouse quien le paró los golpes.

—Tú, a lo tuyo –le dijo–, no te desconcentres, que de lo demás, yo me encargo.

De momento, Westinghouse le amparaba bajo su paraguas. Pero Edison era mucho Edison, un animal mediático, una fiera de la propaganda. Sabía cómo actuar para hundir a Tesla y la reputación de su corriente alterna. Lo primero que hizo fue imprimir pasquines alertando sobre los peligros de la corriente alterna. Luego se reunió con sus hombres de confianza y les ordenó distribuirlos por toda América. El país tenía que enterarse: esa corriente alterna era un peligro letal. «¡Americanos!: ¿queréis morir o que vuestras esposas mueran electrocutadas por culpa de una descarga?». Bajo la palabra «peligro» en grandes letras rojas, aparecía una calavera sobre dos tibias en aspa. Tuvo suerte. Dos obreros murieron en Nueva York al tocar dos cables rotos de alto voltaje. Edison se las apañó para que la prensa publicara que habían sido treinta.

Pero no era suficiente. La gente, para creerlo, necesitaba hechos, demostraciones prácticas. Así que ordenó a sus secuaces que se dedicaran a realizar electrocuciones públicas con la corriente de Tesla. Empezaron con gatos y perros. A 25 centavos la pieza, los niños de los barrios pobres se dedicaron a cazar mascotas para poder venderlas y así comprarse manzanas, plátanos, paquetes de cigarrillos u orejeras de lana y gorras. Pasaban mucho frío y hambre y tenían prisa en crecer para convertirse en hombres.

—¿Habéis visto a mi gatita Lizy?

—¿Sabéis dónde está mi perro? Lleva ya dos semanas sin aparecer por casa.

Los niños se encogían de hombros, ponían cara de despiste y se alejaban silbando. Los mejores ejemplares eran los vagabundos, pero no se dejaban cazar tan fácilmente.

Los esbirros de Edison llegaban a las plazas de las ciudades y pueblos con un generador eléctrico y el animal en una jaula. Colocaban una tarima, anunciaban por el megáfono los peligros de la corriente alterna y, una vez reunido un nutrido grupo de espectadores, ejecutaban al gato o al perro ante el horror de la audiencia.

Harold P. Brown, ingeniero eléctrico, fue el mayor cruzado de esta campaña pagada por Edison. Primero ensayó concienzudamente en privado con docenas de animalitos. Probó diferentes combinaciones de voltios y amperios hasta comprobar que para matar a un perro de tamaño medio bastaban 300 voltios de corriente alterna. Con la continua, el animal seguía viviendo hasta rebasar los 1000 voltios.

Entonces convocó a la comunidad científica en la Universidad de Columbia y ofreció una conferencia práctica. Tras la charla preliminar para exponer su teoría dijo:

—Y para que vean que tengo razón, voy a demostrárselo. Ahora vuelvo.

Y se ausentó unos segundos para regresar con un terranova de 76 kilos dentro de una jaula. El animal, joven y de color negro, estaba amordazado. Era un ejemplar precioso.

Brown le colocó en las patas dos electrodos conectados al generador de Edison. Corriente continua. Al activarlo, comenzó a subir el voltaje. 200, 300, 400, así hasta 1000 voltios. El animal todavía respiraba aunque yacía al borde de la muerte.

—Y ahora –dijo Brown– voy a conectarlo al generador de corriente alterna. A ver cuánto aguanta.

Brown empezó con 100 voltios. Al llegar a los 330, el terranova estiró la columna y batió las mandíbulas. Estaba muerto.

—¿Han visto? Y ahora, para que vean que no se ha quedado frito por culpa del generador de Edison, voy hacer otro experimento. Ahora vuelvo.

—¡Un momento! –gritó alguien entre el público.

Brown se detuvo.

—¿Qué es lo que pretende hacer? ¿Freír otro animal indefenso?

La intención de Brown era aplicarle al siguiente perro la corriente alterna sin preámbulos. Así nadie pensaría que en el experimento anterior el generador de Edison había debilitado al perro contribuyendo a su muerte. Sería una demostración limpia, rápida y concluyente. Pero no pudo terminar su conferencia. La persona que protestaba era un agente de la sociedad americana contra el maltrato animal.

El siguiente perro se libró aquel día y Brown se marchó a su casa sin rematar su conferencia.

Esto no detuvo que siguieran matando mascotas. Recurrieron después a corderos, terneros y caballos. Cuanto más grande fuera el animal, más peligrosa resultaba la corriente de Westinghouse y Tesla. Los propagandistas de Edison habían conseguido difundir entre la población el término *westinghouseado,* que significaba morir electrocutado por corriente alterna.

Edison pensaba realmente que la alterna era una corriente dañina. Al soportar una tensión mayor, podía resultar letal al contacto. No reparó en que su sistema era muy primitivo. No podía subir el voltaje, por lo que su corriente sólo daba calambre. Con la de Tesla, el voltaje podía subir, transportándose, así, a largas distancias, con menos cableado y costes. Luego el transformador se encargaba de reducir el voltaje para que llegara a los hogares sin peligro de descargas letales. Tan segura como la de Edison pero de mucho más alcance.

El último animalito electrocutado fue Topsy, una elefanta inteligente y entrañable, como todos los de su especie. Había pertenecido al circo de Adam John Forepaugh, un empresario sin escrúpulos, obsesionado con aventajarse a los espectáculos de la competencia. Para hacernos una idea del alma de este sinvergüenza, bastará una anécdota: cuando se enteró de que Barnum, dueño de un circo rodante, había adquirido un elefante blanco, decidió que su Forepaugh's Circus también tendría uno, más blanco aún que el de Barnum, que resultó ser un elefante rosado con manchas más claras. Para conseguirlo, no se le ocurrió otra cosa que pintar de blanco a uno de sus elefantes. Al animal –de color gris, naturalmente– no le quedó más remedio que aguantarse. De lo contrario, recibía una inmisericorde sarta de golpes y latigazos, además de un ayuno continuo. Lo bautizó con el nombre de «Luz de Asia».

Ése había sido el dueño de Topsy.

Cuando la vendió a los dueños de Luna Park, en Coney Island, la pobre paquiderma ya tenía fama de animal violento. Un año antes, había matado a un espectador que le arrojó arena en los ojos y le apagó un puro en la trompa. También había atacado varias veces a su entrenador, un borracho que la maltrataba. Había sufrido tanto que los dueños de Luna Park no podían con ella. La condenaron a muerte. Y, además, iban a sacar tajada. Anunciaron el espectáculo por todo Nueva York. Su final –estaban seguros– sería un éxito de público.

La mañana de su muerte, le dieron de comer zanahorias rociadas con cianuro. Querían neutralizarla un poco, pero a Topsy no le gustaron. Apenas se comió una. Luego le calzaron unas sandalias de madera con electrodos de cobre. La conectaron al generador y le aplicaron una descarga de 6600 voltios.

Topsy murió *westinghouseada* el 4 de enero de 1903 ante mil quinientos asistentes que sorbían refrescos de cola y deglutían palomitas. Había pagado, cada uno, una entrada de veinticinco centavos. Topsy se desplomó en segundos, envuelta en una nube de humo. La cuerda que le ataba el cuello quedó completamente chamuscada.

Edison vio en ello su última oportunidad para conseguir hundir la corriente alterna. Ordenó filmar la ejecución de Topsy. Su muerte quedó así registrada para la historia en una película muda.

Fue su último disparo, una especie de canto del cisne. Todavía se resistía a admitir que había perdido la guerra. Creyó que podía ganarla trece años antes, con sus electrocuciones públicas. Y se convenció de haber vencido cuando se asestó contra la corriente alterna el golpe más fuerte. En 1890, llegó a conseguir que la justicia *westinghouseara* a un hombre.

❏ ❐ ❑

La culpa de que se inventara la silla eléctrica fue de un dentista. Alfred P. Southwick, ingeniero de barcos de vapor y sacamuelas en Búfalo (Nueva York) fue testigo de cómo un hombre, completamente borracho, murió en el acto al tocar la terminal al aire de un generador de corriente alterna. Su impresión fue tan terrible que acabó concluyendo que la electricidad sería un método perfecto para aplicar la pena de muerte. Limpio, instantáneo, sin dolor ni espectáculo, mucho mejor que la horca, un método realmente despiadado y desagradable. Como para curar a sus pacientes los sentaba en una silla, el dentista dedujo que lo mejor sería aplicar la electrocución en el mismo mueble, con el reo sentado cómodamente. Se fue con su propuesta al gobernador del estado y le dijo:

—Señor, creo que he encontrado una alternativa a la horca más humanitaria y menos dolorosa.

Edison estaba sordo pero contaba con una antena de oídos desplegada por toda América. No tardó en enterarse de que las autoridades estaban valorando la propuesta del dentista. Mandó a su fiel Brown, su esbirro más eficiente, a la cárcel de Auburn para que intrigara apoyando la electrocución con corriente alterna.

El 6 de agosto de 1890, en la prisión de Auburn (Nueva York), sentaron a William F. Kemmler en la silla eléctrica. Sería el primer ser humano en probarla.

Mientras le ajustaban las correas y le colocaban un cuenco de metal a modo de sombrero y otro electrodo amarrado en la espalda, Kemmler se dirigió a su audiencia, compuesta por las autoridades de la prisión y el estado, la prensa de Nueva York, catorce médicos y algunos familiares:

—Caballeros, les deseo buena suerte. Creo que iré a un lugar mejor y estoy preparado. Sólo quiero decir que se han dicho muchas mentiras sobre mí. Ya soy lo suficientemente malo. Ha sido muy cruel hacerme parecer peor.

La silla, de roble, estaba atornillada al suelo. De su base, salía un cable grueso y negro que atravesaba la pared por un agujero. El generador de corriente alterna estaba situado en la habitación contigua.

Cómo había llegado hasta allí ese desgraciado es una larga historia. Había nacido en Filadelfia, en una familia de once hermanos procedente de Alemania. Su padre, carnicero, y su madre, que murió muy joven, habían sido tan analfabetos y tan alcohólicos como él mismo. Se ganaba la vida como vendedor ambulante de hortalizas. Un desastre de hombre. Era tan borracho que un día se despertó con resaca al lado de una desconocida y con una alianza en el anular de la mano derecha. Se había casado la tarde anterior y no lo recordaba. Tuvo que salir huyendo de Filadelfia junto a su amor verdadero, Mathilda Ziegler, a la que llamaban Tillie, en su carreta, atizando al caballo. Les acompañaba la hijita de ella.

Tillie dejaba atrás un marido de ochenta y nueve años al que no amaba. Prefería a Kemmler, pese a sus arrebatos de celos. Era muy guapa y rechoncha, perfecta para la moda de la época. Tenía veinticuatro años y su amante, veintiocho. Era 1889.

Se instalaron en Búfalo, en un barrio de recién llegados, atestado de tabernas y burdeles. Una mañana, a las ocho, la vecina escuchó gritos y golpes pero no le concedió importancia. Lo de siempre: Kemmler propinando puñetazos y su mujer, profiriendo insultos.

Hasta que Kemmler llamó a su puerta.

—La he matado –dijo–. Que me ahorquen.

Tenía las manos y las mangas de la camisa empapadas de sangre. Entonces se dio media vuelta, se metió en su casa y volvió con la hija de Tillie, de cuatro años.

—Papá ha matado a mamá.

Le detuvieron.

—La he matado, sí –declaró–, ¿qué pasa? Y volvería hacerlo. Ahora, déjenme en paz. No tengo nada más que decir, salvo que estoy listo para la horca.

Un reportero del *Buffalo Evening News* que voló, al enterarse, al lugar de la tragedia, vio tres huevos todavía friéndose en una sartén sobre la estufa y patatas dorándose en el horno. La mesa de la cocina estaba patas arriba. En el suelo, muy cerca, había un hacha pequeña, de las que se utilizan para cortar la madera antes de descargarla en la estufa.

Kemmler le había propinado veintiséis hachazos en el cráneo, más dos en los hombros y cinco en un brazo. Aun así, Tillie resistió en coma hasta el día siguiente. Murió a la una de la tarde.

Una semana después, Kemmler empezó a dar señales de arrepentimiento.

—Habido bebido mucho –dijo– y me dio un ataque de celos. Creía que Tillie me la jugaba con mi socio.

Llevaba ya muchos días sin probar ni una gota. Pidió que todos sus ahorros –500 dólares– se destinaran a su entierro. Quería que Tillie descansara en un ataúd de la mejor madera, con las asas de plata.

—Tranquilos –les decía Kemmler al verdugo y al carcelero mientras terminaban de ajustar la silla–. Tómense todo el tiempo que necesiten. No hay prisa.

Eran las 6.30 de la mañana de un viernes. Un tal Harris, encargado de accionar la palanca, se dirigió a la habitación contigua e hizo su trabajo. 1000 voltios. Con la descarga, los pernios y tornillos se desajustaron y, por un momento, la silla pareció una mecedora.

Cuando los doctores se acercaron a Kemmel dispuestos a certificar su muerte, uno de ellos lanzó un grito.

—¡Oh, Dios mío! ¡Sigue vivo!

En efecto. Pese a su aspecto, horrible y rojo, el condenado presentaba síntomas vitales. Hubo que aplicarle otra descarga, esta vez de 2000 voltios.

Había habido un error al calcular el voltaje. Para morir, un hombre necesitaba más voltios que todos los animales ejecutados previamente.

Los periodistas presentes se sentían horrorizados. Para la prensa, aquello fue un escándalo. La muerte en la silla eléctrica no era más suave que la horca. Sin embargo, desde aquel día se siguió aplicando con un voltaje que no volvería a fallar en la primera descarga.

❏ ❏ ❏

—Habría sido mejor emplear un hacha –declaró George Westinghouse a un periodista al día siguiente de la ejecución de Kemmler.

Luego se dirigió al laboratorio de Tesla y le dijo:
—Tenemos que hacer algo.

La corriente alterna mataba. Y, además, de un forma horrible. Ése era el mensaje que Edison y su cuadrilla estaban consiguiendo imprimir en el subconsciente de América.

—No te preocupes –dijo Tesla.

Y se levantó de su silla del laboratorio para demostrarle al mundo y a los americanos que, bien tratada, su corriente resultaba inofensiva.

El 21 de mayo de 1891 Tesla pronunció una conferencia inolvidable. En la Universidad de Columbia, frente a toda la plana del Instituto Americano de Ingenieros Eléctricos, se atrevió a que cientos de miles de voltios le recorrieran sin moverle ni un párpado. Había colocado en el escenario dos de sus bobinas, ese invento prodigioso capaz de generar corrientes alternas de altísima frecuencia. Vestido con una levita impecable, con zapatos nuevos y recién peinado, accionó las bobinas. El aire se volvió azul y se llenó de ozono. Tesla, entonces, se situó entre ambas. Cogió una lámpara incandescente sin cable y la sostuvo en la mano. Sí, se encendió. Él era el cable. Y no llevaba chaleco ni máscara aislante. A continuación cogió un tubo de cristal al que le había practicado el vacío previamente. El tubo se iluminó con una tonalidad preciosa. Y, más difícil todavía, entre el ozono creando una niebla de misterio y los chispazos de las bobinas que llenaban el aire, fue capaz de derretir un cable que sostenía entre los dedos sin despeinarse. Y no era magia, señores, sino ciencia. Tesla sabía muy bien que a altas frecuencias, ni la piel ni los nervios responden. Se comportan como el ojo, incapaz de percibir las vibraciones del color a una frecuencia superior a la violeta, o el oído, que no capta las vibraciones del aire por encima de una frecuencia de 15.000 por segundo.

El truco era muy sencillo: a baja frecuencia, la corriente alterna provoca descargas dolorosas, pero a alta frecuencia, no. Con sus bobinas de inducción, la electricidad resultaba inocua, aunque traspasase el cuerpo.

Entre el público, se habían infiltrado secuaces de Edison. Y le fueron con el cuento. Durante los años que duró la guerra de las corrientes, muchos de los suyos acabaron alertándole de que se estaba equivocando. Pero no dio su brazo a torcer. Antes morir que rendirse. Tardó más de veinte años en admitir que aquél fue su mayor pinchazo.

«Tesla tenía talento para el arte dramático», contaba su amigo John J. O'Neill. Era un hombre espectáculo. Le encantaba sorprender a las visitas y a la prensa con sus trucos, que parecían de otro mundo.

Faraday, su antecesor favorito, había descubierto que a la electricidad lo que le gusta es rodear los objetos, no atravesarlos. Si te metes en una jaula de metal y aplicas descargas eléctricas, la corriente acabará rodeándola, ya que la jaula es un conductor mejor que el cuerpo, por lo que –al no atravesarla– no morirás. Uno de los trucos preferidos de Tesla consistía en introducirse en una jaula de Faraday situada entre dos de sus bobinas. Empezaban a soltar rayos por el aire, de un lado a otro, que subían y bajaban por el metal de la jaula mientras Tesla permanecía en su interior con una tranquilidad pasmosa. Al acabar, no se sacudía ni la chaqueta. Una vez más, el genio había salido ileso.

Ésos fueron los disparos de Nikola Tesla en la guerra declarada por Edison: su talento y sus experimentos.

El 21 de junio de 1891, un mes después de su famosa conferencia, la Westinghouse Electric Company abría su primera central generadora de energía por corriente alterna en Telluride (Colorado). Su luz, potente y limpia, iluminaba una mina de oro.

Tesla empezaba a convertirse en leyenda. Ya era el genio de Manhattan.

Su consagración en todo el país llegó el 1 de mayo de 1893, cuando el presidente de Estados Unidos, Grover Cleveland, tras su discurso de apertura, giró la llave de marfil y oro para accionar el generador eléctrico de la Exposición Universal de Chicago. Ante miles de visitantes, se encendieron miles de bombillas y su gran torre de luz, que refulgió como un faro. Empezaron a funcionar fuentes, el tren eléctrico se puso en marcha y giró la noria. Los canales, copiados de los de Venecia, reflejaban en sus aguas la luz nocturna, un milagro. Los cronistas cuentan que la gente lloraba y que, incluso, muchas señoras, oprimidas por los corsés y aleladas por el efecto de la luz eléctrica, se desmayaron. La prensa bautizó aquello como «La ciudad blanca», un evento sin precedentes en el mundo ni en la historia.

Estados Unidos atravesaba una severa crisis económica, con colas kilométricas a las puertas de los comedores sociales. Aquello, por fin, haría soñar a los americanos. Se calcula que la visitaron 25 millones de personas, una locura. Pese a las zancadillas, Westinghouse había acabado consiguiendo el contrato para iluminar con corriente alterna la Exposición Colombina, cuyas bombillas fueron portada en todos los periódicos de Europa.

Cinco meses más tarde, George Westinghouse también consiguió firmar el contrato para levantar una gran central eléctrica en las cataratas del Niágara. Gracias a eso, tres años después, un 16 de noviembre, la corriente alterna alumbró todo Búfalo.

En la guerra de las corrientes había ganado Nikola Tesla.

Nikola, el santo

Sea el rostro de Dios o sea física cuántica, la verdad es eso que busca el hombre desde que la especie tiene memoria. Nos costó el destierro. Es lo que nos han contado, a modo de cuento, durante siglos. Adán mordió la manzana y acabó en la calle, sin paraíso, sin techo. Su mordisco –inducido por Eva– era curiosidad, ese instinto básico.

Luego vinieron el fuego –había que frotar dos piedras–, el cultivo de la tierra, la reconducción del agua y, por fin, el aire. Mira si hemos avanzado: ya vamos por el cosmos. Dado el tamaño humano, no es poco.

El hombre experimentando, qué imagen, la más fascinante y tierna, entrañable. Dios le bendiga. Y entretanto, seguimos sin resolver el mayor misterio. Unos imploran a Dios y otros escarban en sus laboratorios, pero es lo mismo: todos buscan.

Los científicos también son místicos, aunque no lo sepan. Mientras escrutan misterios –células, minerales, astros, quantums–, tratan de meter el dedo en el corazón del Gran Espíritu, que es como lo conocen los indígenas indios.

Nikola Tesla sabía que era un místico. Dedicó su vida entera al sacerdocio de esa religión que adora el mundo real, la física. Era su misión humana y a ella se consagró, como un monje, sin despistarse ni por un segundo, ni siquiera cuando les hablaba a sus palomas y era el hazmerreír de sus colegas. Había hecho un voto sagrado. «La ciencia no es sino una perversión en sí misma a menos que apunte y persiga, como objetivo final, la mejora de los hombres», dijo, y «si tuviera la suerte de alcanzar alguno de mis ideales, sería en nombre de toda la humanidad».

Su laboratorio era su iglesia. Cada invento, una oración; cada descubrimiento, una misa. Hizo dos grandes milagros: el motor y la luz eléctrica. También bendijo el futuro. Vislumbró nuevos horizontes y abrió y despejó caminos para las generaciones venideras. «El científico no persigue un resultado inmediato –decía–. No espera que sus ideas nuevas y más avanzadas se acepten fácilmente. Su deber es sentar las bases para los que vienen detrás y señalarles el camino».

Era un iluminado. Deberíamos ponerle velas.

«La vida es, y será por siempre –escribió–, una ecuación de solución imposible, aunque contiene ciertos factores asequibles a la mente humana». De sobra sabía que, por mucho que se esforzara, no iba a resolverla nunca, pero se empeñó en construir «su propia maquinaria para combinarla con los engranajes de la naturaleza». Gran empeño. «Aunque no lleguemos nunca a comprender la vida humana –dijo–, sabemos, a ciencia cierta, que se trata de un movimiento. El nacimiento, crecimiento, envejecimiento y muerte de un ser humano, ¿qué son sino ritmo? A esta manifestación de vida que es el hombre se le deben de poder aplicar las mismas leyes generales sobre el movimiento que se aplican al universo físico y lo gobiernan».

San Nikola Tesla, santo como san Giordano Bruno, mártir que murió en la hoguera; o como san Galileo, que se libró de ella por muy poco; o como san Isaac Newton, que murió virgen, ya bastante hacía el amor con las esferas; o como san Michael Faraday, devoto de la naturaleza; o como san Max Plank, que dijo: «No existe la materia como tal. Toda la materia surge y persiste debido solamente a una fuerza que causa que las partículas atómicas vibren, manteniéndolas juntas en el más diminuto de los sistemas solares: el átomo. Debemos asumir que detrás de esta fuerza existe una mente consciente e inteligente. Esta mente es la matriz de toda la materia». Para ponerse de rodillas.

Nikola Tesla fue un santo, como otros grandes científicos, creyeran o no en un dios, hermanados en la misma causa: la búsqueda de la Verdad en el templo de la Ciencia. Con cada descubrimiento alumbran un poco más el oscuro pasadizo hacia el conocimiento.

«Parecía un ser casi divino», decía de él Dorothy F. Skerrit, su secretaria. Le conocía muy bien. Trabajó para él durante muchos años, hasta que lo desahuciaron de su último laboratorio, en la Calle Cuarenta. Tesla ya tenía casi setenta años. «Te miraba y sus ojos, grises y penetrantes, parecían poder leer tus pensamientos más íntimos. Cuando se entusiasmaba con algún descubrimiento, su rostro brillaba con una luz radiante, casi etérea. Le escuchabas y te transportaba de lo común y corriente hacia los reinos imaginarios del futuro. Su sonrisa, genial, y su nobleza de carácter siempre denotaban esa caballerosidad tan profundamente arraigada en su alma».

❏ ❐ ❏

Sir William Crookes fue uno de los mentores de Tesla en Inglaterra. Descubrió el talio y consiguió aislar el helio en un laboratorio. Un científico eminente, pero, al final de sus días, cayó en desgracia. Acabó haciendo el ridículo ante la comunidad científica por sus experimentos con médiums. Él quería demostrar que hay vida después de la muerte. ¿Algún misterio mayor? ¿Hay meta más ambiciosa, para un investigador, que desvelar la verdad –o mentiras– de ultratumba? Sobre sus sesiones de espiritismo, celebradas en su casa, escribió, por ejemplo: «Una vez fui testigo de cómo un sillón, con una señora encima, se levantaba del suelo varias pulgadas. En otra ocasión, para que no hubiera sospechas de que lo hacía ella misma, la señora se arrodilló sobre la silla de tal forma que veíamos sus pies. Levitó unas tres pulgadas, durante diez segundos y después se posó lentamente».

Crookes se tomaba muy en serio estos fenómenos. Los investigó durante años, en su propia su casa, con testigos de su plena confianza, tanto a oscuras como a plena luz del día. «Bajo las más estrictas condiciones de experimentación –escribió– he visto un cuerpo luminoso, del tamaño de un huevo de pato, flotando silenciosamente por el cuarto, tan alto, que ninguno de los presentes podía alcanzarlo de puntillas, hasta que descendió delicadamente hasta el suelo. Fue visible durante más de diez minutos, y antes de desaparecer golpeó tres veces la mesa, con un sonido de cuerpo sólido. Mientras tanto, la médium permanecía recostada, aparentemente insensible, en un sillón».

El entusiasmo de Crookes por estas sesiones fue en aumento. Estaba convencido de que hay una puerta entre este mundo y el otro. «He visto puntos luminosos de luz danzando y posándose sobre las cabezas de diferentes personas», afirmó. Experimentaba siempre con testigos, sin dejarse llevar por la emoción. No era un aficionado sino un científico. «Más de una vez –dijo– he tenido un cuerpo sólido, cristalino y con luz propia posado en mi mano por una mano que no pertenecía a ninguna persona presente». Llegó a ver cómo una hermosa mano emergía de una mesa para darle una flor. «Apareció y desapareció tres veces, a intervalos suficientes como para darme la satisfacción de comprobar que era tan real, en apariencia, como yo. Ocurrió a plena luz del día, en mi habitación, mientras yo sostenía las manos y los pies de la médium»

En su libro *Researches in the Phenomena of Spiritualism*, *sir* William Crookes describe todas estas sesiones con médiums. Aunque era muy miope –hecho que favoreció a sus escépticos detractores–, llegó a ver todo lo que describió y tomó notas exactas. Trataba de arrojar luz sobre el mayor misterio para el hombre. «En una ocasión –contaba–, un pequeño brazo con una manita de bebé apareció jugueteando alrededor de una señora sentada a mi lado. Luego vino hacia mí, acarició mi brazo y tiró varias veces de mi chaqueta. Las manos y los dedos no siempre se presentan como sólidos. De hecho, a veces tienen una apariencia de nube o nebulosa, condensada parcialmente en la forma de una mano».

Según Crookes no había truco. Pero sus detractores dijeron que era amante de Florence Cook, la médium, que ella consiguió engañarle y que cuando él se dio cuenta, no quiso reconocer su error.

Los cuerpos luminosos con textura fantasmal son un hecho probado. Yo misma he visto uno. Era una esfera perfecta, con luz propia, de un tejido nebuloso, más sólido que el de las nubes. Aunque a Crookes le engañaran no iba tan descaminado.

Fue un buen amigo de Tesla. «Mi querido Nikola –le decía–, es usted un profeta». Tesla confesó que el trabajo de Crookes sobre la materia radiante fue lo que le decidió a consagrarse a la ingeniería eléctrica. Lo leyó en sus años de estudiante. Cuando Crookes se consagró al estudio de los fantasmas, ya se conocían y hablaban mucho del tema. Tesla desconfiaba de los charlatanes espiritistas, pero a Crookes le hacía caso, hasta el punto de que llegó a sentirse fascinado y «bajo el hechizo completo de estos pensamientos».

«Durante muchos años –escribió Tesla– me propuse resolver el misterio de la muerte. Estaba muy atento, ansioso y expectante a cualquier señal procedente de los espíritus. Pero en toda mi vida, sólo viví una vez una experiencia sobrenatural. En aquel momento, me impresionó. Sucedió durante la agonía de mi madre. Yo estaba completamente roto por el dolor y la vigilia constante y una noche me llevaron a una casa a unas dos manzanas de la nuestra.

Mientras descansaba allí, sin compañía, pensé que si mi madre moría en aquel instante sin que yo estuviera junto a su lecho, seguro que me enviaría alguna señal. Pensé que las condiciones para otear el más allá eran las idóneas, dado que mi madre era una mujer genial, especialmente en el arte de la intuición. Durante toda la noche, cada célula de mi cerebro se mantuvo expectante, pero no ocurrió nada hasta por la mañana temprano, cuando caí en un sueño o, quizá, en un desvanecimiento. Vi una nube con ángeles bellísimos. Uno de ellos se me quedó mirando con un amor infinito y adoptó las facciones del rostro de mi madre. La visión flotó suavemente por toda la habitación hasta desvanecerse. Entonces me despertó una música maravillosa, llena de voces muy dulces, indescriptibles. Supe en aquel momento, con una claridad inefable, que mi madre acababa de morir. Y era cierto».

Su madre muriéndose y él calibrando si le enviaría una señal desde el otro mundo. Eso es un científico.

La visión de su madre flotando en la habitación sobre un haz de nubes le pulsó algún resorte de su mente desactivado hasta entonces. Había sido capaz de captar el momento exacto de su muerte, así que, durante mucho tiempo, se dedicó a investigar la causa de esta vivencia. Necesitaba saber qué había ocurrido. ¿Existía el más allá? ¿Era todo fruto de la casualidad? ¿O había intervenido, simplemente, su imaginación de hombre?

Tras darle muchas vueltas y dejándoles paso a su intuición y su memoria, recordó que poco antes de la aparición de su madre, había visto un cuadro muy similar. «Representaba una de las cuatro estaciones de manera alegórica mediante una nube con un grupo de ángeles que flotaban en el aire». El cuadro le había impactado. Tenía fuerza. «A excepción del parecido del ángel con mi madre, lo demás era idéntico a lo que apareció en mi trance». En cuanto a la música celestial que oyó, Tesla acabó deduciendo que procedía de una iglesia cercana. El coro estaba cantando en la misa de aquella mañana de Pascua.

Desde entonces, dejó de creer en el espiritismo. Tesla no creía en fantasmas, ni en médiums, ni en toda esa corriente de fenómenos paranormales que, durante muchos años, se extendió con tanto entusiasmo por Europa y América. Pero no podía negar que contaba con un sexto sentido. «Sí, soy un receptor excepcional –admitió–, o, si lo prefieren, un vidente».

Un día vio a su hermana Angélica flotando. La imagen se elevó en el aire de la habitación. Poco a poco, perdió nitidez y desapareció. Tesla, entonces, envió un telegrama a su familia. «He tenido una visión en la que Angélica se elevaba y desaparecía. Sé que algo no va bien».

Su hermana murió, efectivamente.

❏❐❑

Unos días antes de morir, Tesla le hizo un extraño encargo a Kerrigan, su chico de los recados favorito, un irlandés pelirrojo que trabajaba en la Western Union.

—Toma —le dijo dándole un sobre cerrado—. Tienes que entregarlo en el 35 de South Fifth Avenue. El destinatario es el señor Samuel Clemens.

Kerrigan salió pitando, pero no encontró ninguna calle con ese nombre.

—¿Cómo la vas a encontrar? —le dijo su jefe—. Esa calle ya no existe. Ahora se llama West Broadway.

Kerrigan volvió al hotel de Tesla y le explicó lo ocurrido.

—¿Cómo que esa calle ya no existe? —dijo Tesla—. ¿Es que te crees que estoy loco? El señor Samuel Clemens vive ahí. Es un escritor famoso, conocido en el mundo entero con el nombre de Mark Twain. Así que vuelve a esa dirección y pregunta por él. Ya verás como lo encuentras.

Kerrigan volvió a la oficina de la Western Union y se le contó a su jefe.

—¿Mark Twain? Ese escritor lleva muerto veinticinco años. Vuelve al hotel y dile al señor Tesla que la entrega de ese sobre es imposible.

Armándose de valor, Kerrigan volvió al hotel. Le dijo al señor Tesla lo que tenía que decirle.

—¿Cómo te atreves a decirme que mi amigo Mark Twain está muerto? Estuvo aquí anoche mismo y se sentó en esa silla. Hablamos durante más de una hora. Necesita ese sobre. Haz el favor de encontrarlo.

Kerrigan volvió a la Western Union. Su jefe pensó que, tal vez, si abrían el sobre, hallarían alguna pista que les aclarara la entrega. El sobre contenía veinte billetes de cinco dólares. Kerrigan volvió al hotel para devolvérselo a Tesla.

—No lo quiero. O lo encuentras y se lo das o te lo quedas. Tú mismo.

La dirección apuntada era, exactamente, la de su primer laboratorio.

❏ ❐ ❏

La invención es un don. O lo tienes al nacer o ya no lo tienes nunca. No hay nadie que pueda enseñártelo.

Antes de concebir alguna gran idea, Tesla veía luces. Eran como relámpagos, destellos de luz candente, impredecibles e incontrolables. «Son mi experiencia más extraña e inexplicable», diría. «A veces, he llegado a ver a mi alrededor todo el aire lleno de lenguas de fuego vivientes». Se parece a lo que relatan algunos santorales. «Por lo general —escribió— sucedían cuando me encontraba en situaciones de gran peligro o estrés o cuando experimentaba una gran alegría. Con el tiempo, su intensidad, en lugar de disminuir, aumentó, y parece que alcanzó su punto máximo alrededor de mis veinticinco años».

Durante un viaje a París, en 1883, llegó a pensar que su cerebro ardía. Tras meses confinado en una fábrica, pasó un día en el campo, y «el aire fresco me provocó un efecto maravilloso y vigorizante», contaba. Al regresar al hotel, vio una luz, «como si un pequeño sol se hubiera instalado en mi cerebro. Tuve que pasar toda la noche aplicándome en la cabeza compresas heladas». Los relámpagos no remitieron hasta pasadas tres semanas.

Al principio, las luces le daban miedo. Luego se fue acostumbrando. Al final, le salvaron la vida. Tenía catorce años y estaba nadando en el río. Quiso darles un susto a sus amigos, bucear bajo una plataforma de madera para aparecer, por sorpresa, a su lado, en la otra punta. Se tiró de cabeza, zambulléndose hasta el fondo. Cuando calculó que había rebasado la plataforma, intentó subir a la superficie. Se chocó contra una viga. Volvió a sumergirse, avanzó unos metros, intentó salir. Encontró otra viga. Le faltaba el aire. Se iba a ahogar. Tenía sobre su cabeza un montón de tablas. Entonces vio un fogonazo con una imagen: entre las tablas de la plataforma y la superficie del agua, existía un pequeño espacio de aire. Metió allí la nariz y la boca e inhaló. Cuando, por fin, logró salir del río, sus amigos estaban buscando su cadáver.

Dos años después, la corriente del río, al lado de la presa de un molino, comenzó a arrastrarlo. Tuvo que agarrarse a un muro. La presión del agua le golpeaba tan fuerte que pensó que acabaría estrellándose al fondo, contra las rocas. No podía más. Se quedó sin fuerzas. Iba a rendirse, pero vio un relámpago. El destello contenía un diagrama, el del principio hidráulico según el cual la presión de un fluido en movimiento es proporcional al área expuesta. Lo aplicó a su cuerpo y, tras un esfuerzo sobrehumano, pudo escapar de la trampa. Lo encontraron tendido en un banco. Se había desmayado.

«Estos fenómenos luminosos todavía se me manifiestan de vez en cuando —escribió a los sesenta y tres años—, como cuando me asalta una idea brillante y abierta a nuevas posibilidades, pero ya no son tan emocionantes, son menos intensos».

A veces, las luces le anunciaban visiones que no se atrevía a compartir con nadie. Era muy pequeño. «De niño –escribió– sufría una peculiar afección debida a la aparición de imágenes, a menudo acompañadas de fuertes destellos de luz, que empañaban la visión de los objetos reales e interferían en mi pensamiento y mi conducta. Eran imágenes de cosas y escenas que había visto realmente, no eran desconocidas. Con sólo pronunciar su nombre, la imagen del objeto designado se me presentaba vívidamente, hasta el punto de que a veces era incapaz de distinguir si lo que veía era tangible o no. Todo esto me provocaba un gran malestar y mucha angustia. Ninguno de los expertos en psicología o fisiología que he consultado ha sido capaz de explicarme satisfactoriamente este fenómeno. Parece que es un caso único».

¿Qué pensaríamos de un niño incapaz de distinguir lo real de lo imaginario? Que está loco. Pero Niko no lo estaba. Sencillamente, era un genio; no un niño superdotado, de una gran inteligencia, sino un humano con poderes tan extraordinarios que se escapan a la ciencia, a cualquier intento de explicación racional y lógica. Su cerebro era distinto, como si las sinapsis de sus neuronas respondieran a un software más avanzado. «Para que se hagan una idea de esta afección –contaba–, supongamos que había presenciado un entierro o algún otro espectáculo horrible. Después, en la quietud de la noche, sin que pudiera evitarlo, una vívida imagen de la escena se presentaba ante mis ojos y persistía, pese a todos mis esfuerzos por ahuyentarla. A veces, seguía tan clavada en el espacio que al empujarla, la traspasaba con la mano».

Le encontró una explicación a este fenómeno cuando ya era un hombre. «La teoría que he formulado –dijo– es que estas imágenes eran el resultado de un acto reflejo del cerebro sobre la retina sometidos a una gran excitación. Realmente, no eran alucinaciones como las que padecen las mentes enfermas o angustiadas, ya que en los demás aspectos yo era normal y cuerdo».

Y lo mejor viene ahora. Atención: «Si mi explicación es correcta –afirmó–, sería posible proyectar en una pantalla la imagen de cualquier objeto que uno conciba y hacerlo visible. Un avance así revolucionaría por completo las relaciones humanas. Este prodigio es posible y se hará realidad en el futuro. Debo añadir que le he dedicado muchos esfuerzos al tema».

Y siguió dándole vueltas. Quince años más tarde, estaba más cerca de la solución que nunca. Aseguraba que podría conseguirlo con su sistema de transmisión sin cables. «Estoy convencido –afirmó en una entrevista– de que una imagen mental debe producir, por acción refleja, una imagen correspondiente en la retina, la cual podría leerse con un aparato apropiado. Esto me inspiró mi sistema de televisión. Mi idea es emplear una retina artificial receptora de la imagen del pensamiento, un "nervio óptico", y otra retina como reproductor. Estas dos retinas estarían formadas por muchas secciones diminutas y separadas, y el nervio óptico no sería más que una parte de la tierra. Uno de mis inventos me permite transmitir simultáneamente, sin ningún tipo de interferencia, cientos de miles de impulsos por el suelo sin necesidad de cables. No necesitaría emplear ningún aparato móvil, como escáneres o rayos catódicos. Si es cierto que un pensamiento refleja una imagen en la retina, poder iluminarla y hacerle fotografías es cuestión de tiempo. Podríamos aplicarle, entonces, los métodos ordinarios de los que disponemos para proyectar la imagen en una pantalla. Si se llegara a lograr con éxito, los objetos imaginados por una persona se reflejarían nítidamente en una pantalla mientras se están formando. Podrían leerse todos los pensamientos de un individuo. Nuestras mentes serían como libros abiertos».

Fotografiar y filmar los pensamientos. Vamos a soñar. Imaginemos: las dos retinas de Tesla están en funcionamiento gracias a su sistema de transmisión de energía sin cables. Piensas, por ejemplo, en un caballo blanco. Miras la pantalla y allí está el caballo, relinchando. Tu cerebro crea la escena. La proyecta. Al hacerlo, emite ondas. El aparato las capta, las interpreta y las reproduce con una nitidez asombrosa. ¿Ciencia ficción? No en un futuro si lo dijo Tesla.

Un invento así se volvería indispensable para el espionaje político, industrial y hasta doméstico. Sería un arma útil, sí, pero ¿nos volvería más vulnerables? Tesla diferenciaba entre tecnología y progreso. La humanidad debe progresar por el bien de todo y de su propia especie. Pero cuidado —advertía— con los avances tecnológicos. La tecnología, mal usada, puede conducirnos a consecuencias nefastas.

❏ ❐ ❏

Las visiones nocturnas que sufría en su infancia le asaltaban sin permiso. Eran como pesadillas. No podía controlarlas. Para poder escapar, ideó una solución. Cada vez que se le aparecía una escena, él imaginaba otra. «Al principio, eran borrosas, poco claras, y se alejaban cuando trataba de concentrar mi atención en ellas, pero poco a poco fui consiguiendo fijarlas; cobraron fuerza y definición hasta que finalmente asumieron la consistencia de la realidad». El remedio le alivió algún tiempo. Pero el mundo de Nikola era muy pequeño. Él vivía en Smiljan, una aldea minúscula. El «carrete» de su realidad se le agotó enseguida. Tenía que crear escenas de lugares nuevos, cruzar las fronteras de lo conocido, explorar lo intangible. Empezó a viajar con su mente. «Por las noches, cuando me quedaba a solas, emprendía mis viajes, veía nuevos lugares, ciudades y países, vivía allí, conocía gente y entablaba nuevas amistades. Aunque parezca increíble, es un hecho que me eran tan queridas como las de la vida real y ni un ápice menos intensas en su afecto».

Creaba con su mente una realidad tan vívida como la que percibimos. «Se han hecho grandes descubrimientos —Colón, por ejemplo, llegando a América—, pero cuando di con la idea de viajar de esta forma me pareció el mayor descubrimiento posible para el hombre», dijo.

¿Era capaz de inventarse periplos con desconocidos y experimentarlos en tres dimensiones? ¿Emprendía viajes astrales y exploraba en una dimensión distinta? ¿O creaba, con su pensamiento, realidades paralelas? Nunca dijo que lo imaginara, sino que viajaba con su mente. Y la mente es un misterio.

Tal vez la vida no sea sino un sueño. Tal vez no exista salvo en nuestra mente. Tal vez Tesla tuviera el don de proyectar no una sola, sino varias realidades y adentrarse en cada una de ellas como si fuera la vida que consideramos única. Y si la vida es real y no es sólo un sueño que nos proyectamos, tal vez existan otras realidades que sólo algunas mentes descubren. Tesla viajaría por ellas con la naturalidad de quien va de visita, se queda un buen rato y después vuelve a casa.

O tal vez fueran sueños lúcidos, esos que el soñador «vive» mientras duerme. Tal vez Tesla poseyera la extraordinaria capacidad de mantenerse despierto en esas fases del sueño que el resto de los mortales experimentamos durmiendo. Nadie ha sido capaz de demostrar qué es el subconsciente. Nadie sabe de qué son los sueños, qué material los componen. Sólo hay una cosa cierta: si no soñamos, morimos. Se nos funden las luces, soñamos y, al despertar, seguimos funcionando. Los sueños son nuestra recarga, lo mismo que la corriente eléctrica en nuestros aparatos. Tal vez la mente de Tesla tuviera el poder de adentrarse despierta en regiones ignotas de su subconsciente y vivirlo con naturalidad; una naturalidad igual a la de la vigilia.

Esta facultad suya de visualizar escenas en tres dimensiones, le fue de gran ayuda a la hora de inventar. Los inventores prueban y mejoran sus creaciones en la realidad tangible. Primero construyen y después comprueban, miden, calculan y ajustan el invento que tienen delante. Necesitan verlo. Necesitan tocarlo. Necesitan que sea tan real como su propia vida para poder ponerlo en funcionamiento.

Tesla era diferente. «Cuando tengo una idea –dijo– la desarrollo en mi imaginación. No necesito modelos, ni dibujos ni experimentos. Construyo el invento en mi mente. Cambio la estructura, hago mejoras, experimento, enciendo y pruebo el aparato con el pensamiento. Para mí, es exactamente igual probar una turbina en mi imaginación o en el laboratorio. No hay ninguna diferencia, el resultado es el mismo. Hasta puedo captar si pierde el equilibrio. De esta forma, consigo producir y perfeccionar cada idea rápidamente sin necesidad de tocar nada. Sólo cuando, por fin, consigo que el invento disponga de todas las mejoras y no le encuentro defectos, lo construyo. Su materialización es el producto final de mi cerebro. Invariablemente, mi aparato siempre funciona como pensé que debía hacerlo y el experimento sucede exactamente como lo planeé. No ha habido ni una sola excepción en veinte años. ¿Por qué habría de haberla?».

De su mente a la realidad, sin planos, ni cálculos, ni pruebas ni revisiones físicas. En su método, no existía el ensayo y error. Abracadabra. Parece magia. Sus ayudantes desconocían los engranajes de las ideas que estaba construyendo. Se limitaban a acatar sus órdenes. Debían de quedarse perplejos al contemplar la perfección y eficiencia con que arrancaba por primera vez cualquiera de sus inventos.

Todos sus aparatos eran invisibles. Los diseñaba en el aire. Podía hacerlo. Desde niño percibía el mundo de las ideas, etéreo e imperceptible para los demás. Desde allí operaba. Y cuando había inventado un aparato, lo materializaba con sus manos y herramientas. El invento cobraba forma, pero en realidad ya existía en una dimensión que se nos escapa. ¿Concebía, diseñaba y construía sus inventos en un estado de gracia?

Tesla tuvo un hermano que murió a los doce años. Era mayor que él. El inventor contaba que también poseía esta extraordinaria facultad de visualizar imágenes vívidas, de la misma textura que la realidad. Si no hubiera muerto por culpa de un caballo que lo derribó y le rompió la espalda, el mundo habría acabado contando con dos Teslas. Podemos imaginar cómo serían sus juegos. Competirían imaginando. Dos niños explorando territorios invisibles. Cuando su hermano murió, Tesla sintió un dolor insoportable. No volvería a encontrarse en su camino con nadie con una mente como la suya. Supo que estaba solo en el mundo. Tenía cinco años.

«La naturaleza me ha dotado con una imaginación tan vívida –afirmaba– que soy capaz de prescindir, en un alto grado, del lento, laborioso, costoso y caro proceso del desarrollo práctico de las ideas que se me ocurren. Inconscientemente, he desarrollado un nuevo método de materializar la invención». En realidad, le costó un proceso largo, de lento aprendizaje. De las imágenes que le asaltaban a las imágenes escogidas, de los viajes imaginarios a las ideas que iba concibiendo. Desde niño, entrenaba diariamente su imaginación, ejercitaba su mente sin descanso. «Cuando dediqué mis pensamientos a la invención —escribió— me encontré con que podía visualizar mis ideas con la mayor facilidad».

Era un método opuesto al del resto de los inventores. No experimentaba ni tomaba notas. No utilizaba libreta. De la forma en que trabajaban sus colegas, decía: «En el momento en que construyes un dispositivo para llevar a la práctica una idea acabas, inevitablemente, absorto en los detalles y defectos del aparato. Mientras lo mejoras y reconstruyes, tu concentración disminuye y pierdes de vista el principio fundamental. Obtienes resultados, sí, pero a costa de la calidad». Él no perdía el tiempo en esta realidad. Operaba en otro campo. Sus creaciones eran perfectas desde que nacían. «La ingeniería, la electricidad y la mecánica son positivas en sus resultados. Cualquier idea que concibas puede tratarse mediante el cálculo y las matemáticas. Y si alguna se escapa, están la experiencia y los datos sobre los que diseñar mentalmente. No es necesario empezar construyendo la idea básica. Supone un gran gasto de energía, dinero y tiempo».

No ha existido, que se sepa, ningún otro inventor en la historia que haya aplicado este método. Al principio, sus colegas, lo mirarían incrédulos. Es difícil creer que se puede construir con la mente y con resultados exactos. O Tesla mentía y no era más que un fantasma ávido de fama o estaba loco. Pero el tiempo acabó demostrando que todo era cierto. Construía visualizando. Fue así como inventó el campo magnético rotatorio. Sus colegas se dividieron en dos grupos: los admiradores y los envidiosos.

¿No sería un viajero procedente del futuro? Su mente no pertenecía a su tiempo. Se adelantó varios siglos, tal vez milenios. Tesla no nos enseñó el arte de viajar despiertos ni el prodigio de construir con el pensamiento. Él no lo aprendió de nadie. Dominaba el otro reino y parece que nació sabiendo cómo hacerlo.

Los relámpagos, destellos y lenguas de fuego eran un don, de Dios o de la biología, del misterio que todo lo puede o de su propio ADN. Este hombre cambió el mundo. Funcionaba con otros parámetros. Inventó la luz eléctrica. Puso en marcha lo inmóvil. Descubrió el control remoto. Dominó lo invisible. En algún lugar de su mente, contaba con un radar capaz de captar otras realidades que conviven con nosotros. Tenía un sexto sentido, una sensibilidad futura. Pero era un hombre. Un hombre con aspecto de hombre, con un corazón y un cerebro y una mente y muchos sueños, como el resto de los individuos que conformamos la especie.

Si un hombre pudo hacerlo, ¿podremos hacerlo los demás en el futuro?

❏ ❐ ❏

Sus amigos contaban que presumía de dormir apenas dos horas, tres alguna noche. Una o dos veces al año afirmaba, contento, que había dormido cuatro o cinco. Esos días se levantaba con unas dosis de energía extrahumana. Presumía de trabajar durmiendo, lo que, probablemente, era cierto. Poseía un subconsciente fuera de serie. Las doncellas de los hoteles contaban que, en ocasiones, se lo encontraban en trance, sentado en una silla. Tesla permanecía hierático, como una estatua, sin moverse, con los ojos fijos y abiertos, respirando con el abdomen. No estaba dormido; no roncaba. Limpiaban su habitación y hacían la cama y Tesla ni se enteraba. Era como si no estuviera. No se atrevían a despertarle. Sabían que no debían hacerlo, como si el genio estuviera reunido con alguien de suma importancia. Le pasaban la mano delante de los ojos y era incapaz de verla. Ya podía posársele encima alguna de sus palomas, que Tesla seguía ensimismado en un mundo que no parecía éste. Las doncellas y los botones continuaban con su trabajo, sin asustarse ni evitar los ruidos. El señor no se despertaría hasta que le sonara su reloj interno.

Estos trances formaban parte de un mecanismo que le acompañó toda la vida. Tesla salía y entraba del consciente al subconsciente a su antojo. Nunca utilizó un reloj despertador. Nunca. Era capaz de programarse para dormir tiempos exactos. Cómo lo hacía es un misterio. Si los demás humanos aprendiéramos a hacerlo, desaparecería la industria de los somníferos. Probablemente, también las drogas. Sus viajes no eran sintéticos. Se adentraba a voluntad en regiones de la mente a las que los demás mortales no tenemos acceso.

A estos trances, él los llamaba sueños letárgicos o sueños encantados. Decía que eran «un dispositivo de seguridad» y un regalo de la providencia. Mejoraron a medida que fue cumpliendo años. Gracias a ellos, no necesitaba vacaciones. «Aparecen cuando mis fuerzas se están agotando. –escribió–. Mientras funcionen, estoy a salvo de los peligros del exceso de trabajo, una amenaza para los inventores». Cuando se encontraba al límite, caía en trance. «Me hundo en un estado casi letárgico que dura, exactamente, media hora. Al despertarme, tengo la sensación de que los acontecimientos más recientes han sucedido hace mucho tiempo, y si intento continuar con las ideas interrumpidas, me asalta una náusea mental muy intensa».

Tenía tan controlado el mecanismo que, aunque estuviera cansado, no se detenía. Seguía trabajando. Sabía que al final de sus fuerzas llegaría el sueño encantado y con él la recarga de la batería. Treinta minutos. Se despertaba y sentía que habían transcurrido años. No podía seguir con la idea que había precedido al trance. Imposible. Tenía que pensar en otro invento. «Entonces –contaba– retomo involuntariamente otro trabajo y me sorprende la frescura de mi mente y la facilidad con la que resuelvo problemas que antes me desconcertaban». Al cabo de semanas o de meses, volvía a la idea abandonada tras el trance. «Me vuelvo a apasionar por el invento aparcado durante una temporada y siempre encuentro respuestas a las cuestiones más complejas sin necesidad de esforzarme».

Su «dispositivo de seguridad», ese programa extra instalado en su mente, funcionaba como una bendición. Así trabajaba: con una planificación cíclica dictada por sus ensueños o trances. Ahora, este invento. Ahora, duerme. Ahora, despierta. Ahora, este otro. Ahora, duerme. Su ahora era siempre la concentración. Iba y venía del mundo exterior hacia sí mismo cruzando la puerta, pero sin sentir la diferencia. Pasajero cotidiano de la realidad a su conciencia, su mente traducía el lenguaje de ambos. Y hacía magia. No como un ilusionista que ha ensayado los trucos, sino como un creador de realidades nuevas extraídas en una cantera desconocida, inexplorada y misteriosa. Gracias a sus sueños encantados fue capaz de importar a este mundo algunas fuerzas del cosmos hasta entonces secretas.

Estamos hablando del hombre que creó el sol nocturno y animó todo lo inerte. Inventó la luz humana y la vida mecánica. Tal vez su mente vibrara en una frecuencia distinta. «Si de verdad quieres encontrar los secretos del universo –dijo–, tienes que pensar en términos de energía, vibración y frecuencia». Tal vez la mente de Tesla llegara hasta un mundo que vibra con una frecuencia imperceptible por nuestros aparatos.

Místico, filósofo, físico, ingeniero y poeta. Un genio de la invención y –lo más importante– un pionero en el dominio de la mente. Aterrizó en el siglo XX. El presente todavía no es consciente de su enseñanza. Un humano brillante en su forma de abordar el cosmos, pero torpe entre los hombres. Con frecuencia, en la soledad de su hotel o su laboratorio, debió de haberse dicho: «Éste no es mi sitio».

No había cumplido veinticinco años. Vivía en Budapest. Parecía un hombre corriente, tratando a abrirse paso. Trabajaba en la Oficina Central de Teléfonos de Hungría. Cumplía con su horario, desempeñaba sus funciones y, al acabar la jornada, volvía a casa. Todo en orden. Hasta que empezó a sufrir una serie de fenómenos que acabaron sumiéndole en una crisis nerviosa. Sus sentidos comenzaron a agudizarse hasta el punto de no poder soportarlo. Siempre había gozado de una vista y un oído extraordinarios, pero aquello sobrepasaba lo imaginable. «Podía oír el tictac de un reloj a tres habitaciones de distancia –contaba–. Una mosca posándose en una mesa de la habitación me provocaba un ruido sordo. Si un carruaje pasaba a unas pocas millas se me estremecía todo el cuerpo. El silbato de una locomotora a veinte o treinta millas hacía que el banco o la silla donde me sentaba vibrara con tal fuerza que no podía soportarlo. Bajo mis pies, el suelo temblaba constantemente. Tuve que poner en la cama amortiguadores de goma para poder descansar algo. Los atronadores ruidos de aquí y allá, a menudo me producían el mismo efecto que las palabras habladas y me habrían llenado de pavor si no hubiese sido capaz de interpretarlos y dilucidar su origen. Si brillaban intermitentes, los rayos de sol eran como golpes en mi cerebro de tal intensidad que me dejaban aturdido. Tenía que armarme de verdadero valor para pasar bajo un puente o cualquier otra estructura, porque experimentaba en el cráneo una presión como de aplastamiento».

Fue al médico. Era un doctor de renombre, conocido en la ciudad por detectar dolencias difíciles. Le recetó bromuro de potasio, varias dosis diarias. Tesla siguió la prescripción. Sus poderes, en lugar de disminuir, aumentaron. «A oscuras –contaba– tenía la sensibilidad de un murciélago y podía detectar la presencia de un objeto a una distancia de

12 pies –3,66 metros– gracias a una peculiar y espeluznante sensación en la frente».

Volvió al médico. Se sometió a un chequeo completo. Su pulso variaba de escasos latidos a 260 por minuto.

—Lo peor, doctor, son esos movimientos convulsos e incontrolables que agitan todo mi cuerpo. No puedo soportarlos.

El galeno se encogió de hombros.

—Me temo, señor Tesla, que no hay solución para lo suyo. Su enfermedad es incurable y única. En todos mis años de oficio nunca me había encontrado con nada semejante.

Tuvo que lidiar él solo con las molestias. Tanta sensibilidad rebasaba todos los límites y amenazaba con volverle loco. Era como si poseyera un extrasentido. Él luchaba por ser un hombre como los otros, pero sus facultades parecían las de un superhombre. Estaba muy asustado. Quería seguir viviendo. «Me aferraba desesperadamente a la vida –dijo–, pero no creía que pudiera recuperarme». Finalmente su vocación, su desbocado deseo de seguir con su trabajo, junto a la ayuda de su amigo Anital Szigety, le ayudaron a superar la crisis. «Recobré la salud y, con ella, todo el vigor de mi mente». Sus sentidos volvieron a ser como antes. El sol ya no le aturdía, las sillas y el suelo no le retumbaban y volvía a dormir, por fin, sin amortiguadores de goma. Llevaba mucho tiempo tratando de encontrar la solución a su motor de corriente alterna. No daba con ello. La enfermedad le había hecho tocar fondo. Cuando salió disparado hacia la superficie y la cordura, supo que tenía más energía que nunca. El secreto se hallaba escondido en algún recoveco de su cerebro. Sabía que lo tenía. Tal vez lo había soñado y no lo recordaba. Si había podido vencer todo aquello, «ese colapso total de los nervios que llegó a sobrepasar todo lo creíble», acabaría encontrando el motor con el que llevaba soñando desde esa clase de física en la que concibió el movimiento perpetuo.

❑ ❐ ❑

En Colorado Springs, donde instaló su laboratorio en 1899, era capaz de oír los truenos a una distancia de 850 kilómetros. Sus ayudantes no se lo explicaban. Ellos podían percibirlos, como mucho, a una distancia de 250 kilómetros. Sí, su jefe era un fenómeno. Siempre tuvo una sensibilidad especial para las tormentas. Sabía cuándo ocurrirían por la electricidad del aire, igual que las hormigas. Era capaz de predecirlas con una antelación de insecto.

Tesla prefería trabajar bien entrada la tarde. Si inventaba de día, solía bajar las persianas para que el laboratorio se quedara a oscuras. Investigar con sus luces requería simular la noche. Cuando había tormenta, abría de par en par todas las ventanas. Dejaba el trabajo. Se tumbaba en un sofá destinado a tal efecto, frente al cielo de Manhattan. Su laboratorio de la Calle Cuarenta estaba en el piso 20. Daba a la biblioteca pública y al parque Bryant. La señorita Muriel y la señorita Dorothy —sus secretarias— se marchaban cuando el cielo se teñía de nubes negras. Un pacto tácito. De sobra sabían que a su jefe le gustaba disfrutar de cada tormenta a solas. No existía en el mundo mayor espectáculo. «Midiendo con el dedo y contando mentalmente los segundos —contaba su amigo John J. O'Neill—, Tesla era capaz de calcular la distancia, la duración y el voltaje de cada relámpago».

Una tormenta reúne los cuatro elementos: agua, aire, fuego y tierra. La naturaleza con sus fuerzas vivas. Sólo en aquellos momentos, Tesla se sentía en casa.

❑ ❑ ❑

«¿Hay alguien que dude de que los millones de individuos que constituimos la humanidad somos una unidad, un ente único? —escribió Nikola Tesla—. Aunque tengamos libertad de acción y pensamiento, nos mantenemos unidos por lazos irrompibles, igual que las estrellas en el firmamento. Estos lazos existen. Aunque no podamos verlos, podemos sentirlos».

Además de estudiar el mundo físico, Tesla observaba ese otro que estudian la historia, la filosofía, la psicología, la sociología y demás ciencias humanas. Desde muy joven, empezó a analizar los acontecimientos externos, así como sus causas inmediatas y lejanas. Tal vez el destino —se decía— funcionara también como una maquinaria. Quizá disponía de leyes propias, objetivas, que actuaban sobre las vidas de los hombres determinando su trayectoria. A lo mejor contaba con engranajes tan etéreos que resultaban imperceptibles para el ojo humano, pero tan ajustados y precisos que decidían la suerte o el infortunio.

Si alguien que él amaba sufría algún daño, él también lo sentía. Y a la inversa: cuando le herían, sus seres más queridos sufrían. Este tipo de dolor era indefinible, peculiar, diferente al que sufrimos como propio. A esto, él lo llamó «dolor cósmico». Esos lazos invisibles que entretejen nuestras almas son misteriosos. Están vivos. Nos unen mucho más que la cercanía física. Esto explica que, en ocasiones, intuyamos el dolor de los que amamos de manera inexplicable. La información viaja por sensores que desconocemos desde el que sufre hasta el que ama. El dolor del otro se intuye, se siente y se comparte. Su dolor también es nuestro; nos pertenece. Tal vez sea un mecanismo defensivo o de ayuda. Si el peso se reparte, resulta más ligero.

Después de detectar el «dolor cósmico», Tesla se dio cuenta de que funcionaba como una especie de búmeran. Iba y volvía. «La persona que había infligido el daño, siempre, invariablemente y poco después, sufría alguna desgracia», escribió. La observación procede de un científico. Se parece a la ley del karma. «Considero este descubrimiento —dijo— de suma importancia para la sociedad. Tuve el presentimiento de esta asombrosa verdad cuando era todavía muy joven, pero durante muchos años interpreté lo que había notado como una mera coincidencia».

Podemos imaginar que mentalmente tomaba notas —tenía tanta memoria que no necesitaba libreta— y que sus anotaciones de la realidad eran exactas. El daño infligido y su intensidad giraban hasta retornar al punto de partida. Un movimiento redondo. Lo comprobó; se molestó en hacer los cálculos. Lo que parecía casualidad tal vez fuera el efecto de un mecanismo que funcionaba al dictado de leyes desconocidas.

Cada pensamiento y cada acto emiten una corriente imperceptible por nuestros sentidos. Es una corriente que sigue un movimiento de retorno. Vibra. Se trata de una energía con intensidad y frecuencia. Los efectos nos llegan con el tiempo.

Giramos como los planetas y los átomos. Atraemos a la gente que vibra en nuestra frecuencia. Somos astros y satélites, diminutos universos propulsados hacia la muerte. Todo es movimiento. Rotamos, como la Tierra, en torno a nosotros mismos. Atraídos por la fuerza de gravedad de los otros, nos trasladamos a su alrededor en elipses, como los planetas. Alumbramos a nuestros satélites. Somos organismos agrupados en sistemas. Emitimos y recibimos señales que son energía y vibran. Orbitamos según leyes misteriosas, sin saber cómo determinan nuestra suerte, nuestro destino y nuestra conducta. Todavía no ha nacido un ser humano capaz de demostrar estas leyes mediante cálculos matemáticos. Tesla estudió las causas y las consecuencias del comportamiento humano. ¿Qué es lo que acciona, propulsa y desvía la trayectoria de cada vida humana? El «dolor cósmico» fue una de sus conclusiones.

Un día iba caminando por un bulevar de Praga. Hacía viento. Entonces sintió a su espalda un ruido contundente. Pero llevaba prisa y, contra todo pronóstico, nuestro hombre tan curioso no se giró para descubrir la causa. Tal vez no lo hizo porque, en ese momento, una joven que venía caminando de frente, comenzó a saltar muy sorprendida.

—¡Estás protegido! ¡Estás protegido! ¡Protegido! –repetía gritándole.

El inventor se detuvo.

—¡Ha caído un segundo después de tu paso! ¡Un segundo justo!

Tesla, entonces, se volvió para mirar qué había sucedido. Había una rama muy larga y gruesa, de unos cincuenta kilos, en el suelo. Si Tesla hubiera pasado debajo del árbol unos segundos después, la rama lo habría le matado. Y la joven lo había visto en una revelación súbita.

Tres segundos, dos segundos, un segundo…, suficiente para quedarnos sin Tesla y sin sus motores de inducción eléctricos. Qué misterioso es el tiempo.

Tesla creía en la ley de la compensación. «Mi creencia en esta ley es firme –decía–. Las verdaderas recompensas siempre se hallan en proporción al trabajo y los sacrificios realizados. Es una de las razones por las que estoy completamente seguro de que todos mis inventos, especialmente el transmisor de aumento, serán los más importantes y valiosos para las generaciones futuras. Me siento tentado a creerme esta predicción no tanto por la revolución comercial e industrial que seguramente traerá consigo, sino por las consecuencias tan beneficiosas para la humanidad que aportarán mis inventos».

El transmisor en aumento era su enorme torre –tanto la que levantó en Colorado Springs como Wanderclyffe– con su electrodo en la cúpula, ese invento que produciría y transmitiría por toda la Tierra su energía libre y gratuita.

❑ ❐ ❑

Otro día, por casualidad, inventó la teslaterapia: descubrió que las ondas curan. Fue en su laboratorio de Fifth South Avenue, en su mejor momento. Estaba investigando las corrientes de alta frecuencia. Había construido un oscilador mecánico. Cuando funcionaba con aire comprimido, emitía unas oscilaciones mínimas e isócronas. Lo conectó a una larga plataforma horizontal apoyada sobre unos cojinetes elásticos. Cuando accionaba el oscilador, toda la plataforma vibraba. Tesla se subió para probarlo. Quería experimentar la sensación de las ondas de alta frecuencia en sus fibras nerviosas. «La impresión me resultó extraña y agradable —escribió— y les pedí a mis ayudantes que probaran». Les encantó la experiencia. Pero unos minutos más tarde, los que se habían mantenido más tiempo en la plataforma —incluido Tesla— tuvieron que correr hacia el baño acuciados «por una necesidad que había que satisfacer sin demora». Acababa de descubrir un método mecánico, sin el uso de químicos ni drogas, contra el estreñimiento. Lo llamó «terapia mecánica».

El aparato era enorme, pesado y ruidoso, y requería constantes repuestos de aceite, pero les encantaba tanto a Tesla como a sus ayudantes. Se dedicaban a comer rápidamente para correr después hacia el laboratorio y subirse a la máquina. Entre todos, sufrían dispepsia, trastornos hepáticos, estreñimiento, gases y demás molestias fruto de los malos hábitos. «Durante los casi cuatro años que funcionó el aparato —escribió el genio— gozamos de una salud excelente». Bastaba con una semana para eliminar dolencias. «Curé a mucha gente», comentaba Tesla. El artilugio resultaba un tónico ideal para el sistema nervioso —neutralizaba el estrés y las crisis de angustia—, inducía a un sueño saludable —al relajar al paciente, eliminaba el insomnio—, facilitaba la digestión, regulaba la tensión arterial ayudando a la función cardíaca, limpiaba la piel de toxinas, vivificaba los músculos y los huesos atrofiados —mejoraba la artrosis y el reúma— y, por el calor que transmitía, curaba los refriados comunes y bajaba la fiebre.

Aquella máquina sanadora desapareció para siempre la madrugada en que ardió el laboratorio. «No saben cómo lo lamenté —dijo Tesla—. No había nada asegurado. La pérdida de anotaciones y maquinaria de un valor incalculable me provocó tal impacto que tardé años en recuperarme».

Poco antes, en Francia, el doctor D'Arsonval había presentado el mismo descubrimiento, registrado en la historia con el nombre diatermia. Para sus demostraciones, había utilizado el aparato de Tesla. El genio se personó en París para dejar claro que él ya lo había descubierto. «El doctor D'Arsonval —dijo Tesla— me pareció un hombre tan encantador que me desarmó por completo. Así que regresé contento, conforme con dejar constancia de que la terapia mecánica era un invento mío». A lo que añadió, con su confianza ciega en la justicia cómica: «La sentencia final queda en manos de la posteridad, amigos».

Tesla siguió investigando las propiedades terapéuticas de la energía eléctrica y su fuego frío.

—La electricidad es un gran estimulante –decía–, un buen tónico para el cerebro y el cuerpo. Vivifica. Da energía.

Se le ocurrió la idea de electrificar los camerinos de Broadway para que los actores se motivaran antes de salir a escena y colocar en las aulas de enseñanza media cables de alto voltaje para espabilar a los alumnos despistados. También contempló las posibilidades de una anestesia eléctrica.

Tesla nunca iba al médico. Cuando enfermaba, se aplicaba a sí mismo corrientes de alta frecuencia. Había descubierto cómo curarse sin necesidad de salir de su laboratorio. La electricidad le resultaba un buen remedio, sin tóxicos, ni contraindicaciones ni efectos secundarios.

Nikola, el hombre

Su madre era una campesina analfabeta. Atendía la casa, el ganado y el huerto. Limpiaba los gallineros, ordeñaba las vacas, las atendía cuando se ponían de parto, recogía la leña, cocinaba en la chimenea, limpiaba el hollín, fabricaba jabón con manteca, lavaba a mano la ropa, la planchaba con hierro candente, le bordaba las iniciales, la remendaba, sembraba judías y patatas, regaba las tomateras, recogía las cebollas, preparaba mermelada, cocía su propio pan… Trabajaba más que su marido. Se levantaba, según su hijo, antes del amanecer para que al salir el sol todo estuviera listo. «Una gran mujer –recordaba Tesla– con un talento, un coraje y una fuerza extraordinarios».

Hija, como sus propios hijos, de un sacerdote ortodoxo, tenía seis hermanos pequeños. Tuvo que ocuparse de ellos cuando su madre, todavía joven, se quedó ciega. Por eso no fue a la escuela.

De ella contaba Tesla que, con dieciséis años, cuidó a una familia vecina aquejada de peste. La epidemia asolaba la región. Eran cinco miembros y murieron todos. Ella, sola, lavó los cadáveres, los amortajó y les puso flores. Cuando su padre volvió de dar la extremaunción a los del pueblo de al lado, se los encontró preparados a la perfección para su sepultura. Era una mujer sin miedo.

Tenía el don de la invención, como su padre y su abuelo, inventores natos, capaces de «crear –en palabras de Tesla– herramientas y aparatos muy útiles para usos domésticos y agrícolas. Si mi madre no hubiera vivido tan lejos de la vida moderna, habría llegado muy lejos. Diseñaba todo tipo de muebles y artilugios». Siempre se sintió orgulloso de pertenecer a un linaje de inventores.

Djouka Mandich supo cómo educar a un genio. No lo aprendió en los libros. Lo hizo con inteligencia, comprensión e instinto. Conocía «y entendía la naturaleza humana —escribió Tesla–. Sabía que cada uno sólo puede salvarse por sí mismo». Así que durante su etapa de jugador empedernido, en lugar de sermonearle, ella guardaba silencio. Una tarde en que su hijo volvió a casa derrotado porque había perdido a las cartas una buena suma, ella sacó del mandil un fajo enorme de billetes grandes.

—Toma –dijo–. Vete, juégatelo y disfruta. No vuelvas hasta que te lo fundas. Es todo lo que tenemos. Cuanto antes le prendas fuego, mejor.

Suficiente. Aquello bastó para que Nikola, tan joven por aquel entonces que se creía invencible, dejara el juego para siempre. Tenía veintidós años. Por su afición a los naipes había dejado de asistir a clase. «Mi madre sabía cómo hacerlo. Esa tarde superé mi adicción ludópata y me reproché no haber sido más fuerte unas cien veces». No volvió a jugar nunca más, nunca, ni por puro placer ni apostando.

Djouka Mandich le enseñó lo que valía el trabajo, a confiar en la vida, a defenderse, lo mejor posible, de contratiempos y reveses. Y no lo retuvo; le ayudó a irse.

Muchos años después de su partida, Nikola presintió su muerte. Llevaba varios meses de trabajo intenso. En lugar de dormir, inventaba. No reparaba en que tenía que comer, ni en la ropa que llevaba puesta. Imposible detenerse. Venga, venga, la concentración era tal que recordaba a la perfección, mentalmente, cada diminuta pieza de sus aparatos, pero se le olvidó algo importante. Un día se dio cuenta de que tenía un mechón blanco en la frente y no recordaba nada de su vida, salvo los años de su infancia. Sabía que era Nikola Tesla, que diseñaba neones, osciladores y bobinas y que Djouka era su madre. Pero se le habían borrado sus años en Graz, en Praga, en París y en el Nueva York que conoció con Edison. Amnesia. Y de fondo, cada vez más nítida, la imagen de su madre joven, la misma de cuando era un niño y él le preguntaba: «por qué», «para qué», «cómo». Djouka Mandich lo eclipsaba todo. Todo, salvo sus inventos, como si lo demás no lo hubiera vivido nunca, como si en realidad no importara nada. La madre, su madre, lo único. Debía ir a verla.

Su amigo sir William Crookes se dio cuenta del terrible estrés que sufría. «No pierda usted más tiempo —le dijo—. Váyase ahora mismo a verla, en el primer tren que salga». Salió de Nueva York y se fue París para dar conferencias. Una noche, en el hotel Paix recibió un telegrama urgente: su madre se estaba muriendo. Era 1892. Tenía treinta y cinco años. El *déjà vu* le dejó temblando. Logró llegar justo a tiempo. Aún pudo verla viva.

Unas horas después de su muerte, sufrió un colapso nervioso. Le duró varias semanas. A medida que cogía fuerzas para retomar su vida, el mechón blanco de la frente se le fue oscureciendo. Cuando se recuperó era negro.

❏ ❐ ❏

Su padre era más severo. De pequeño, le prohibía leer por las noches para que no se arruinara la vista. Se fabricó unas velas de sebo. Esperaba a que se durmieran, tapaba la cerradura y leía hasta la madrugada.

El sueño del reverendo Milutin era que su cuarto hijo se dedicara al sacerdocio. A Nikola, este deseo de su padre le espantaba. Pero no se atrevía a rechistar. Tenía diecisiete años y acababa de terminar sus estudios de bachillerato en el Real Gymnasium de Karlovac (Croacia). Había descubierto las fascinantes matemáticas y todos esos misterios, como la electricidad y el magnetismo, que entrañaba la física. Quería ser ingeniero eléctrico. A ver cómo se lo decía a su padre.

Era verano. Vacaciones. Se desató una epidemia de cólera. La combatían con hogueras, llenando el aire de humo, consumían agua infectada y morían a puñados. Tesla cayó enfermo. Estuvo en cama nueve meses. El cólera se le complicó con anemia e hidropesía. Sufría desmayos constantes. No había remedio, según el médico. Los Tesla encargaron el ataúd al carpintero. Un día que su padre se sentó en su cama, Nikola dijo:

—Padre, creo que saldré de ésta si me dejas estudiar ingeniería.

El reverendo le cogió las manos. Su hijo apenas hablaba y acababa de formular una frase.

—Ingeniería eléctrica, padre. Si me dejas estudiar esa carrera, me pongo bueno, lo juro.

Milutin dio gracias a Dios porque su hijo vivía, estaba vivo y quería seguir viviendo.

—Vas a estudiar en la mejor escuela de ingeniería, hijo mío. En cuanto te recuperes, te matriculas.

Un mes después, ya era capaz de mantenerse erguido en una silla. Se despertaba con hambre. Ya no se desmayaba. Cuando remitió la fiebre, decidieron que lo mejor sería que tomara el aire de las montañas de Tomingaj. A la vuelta se matriculó en el Instituto Politécnico de Graz (Austria). Su padre lo había elegido por tratarse de una de las escuelas más prestigiosas y antiguas de Europa. Sí, iba a ser ingeniero eléctrico.

Durante el primer curso, fue un alumno brillante, el mejor de todas las promociones que se recordaban. Le apasionaban la física, la mecánica y las matemáticas. Dejaba a los profesores con la boca abierta. Iba a todas las clases y cuando terminaban, se encerraba en su habitación para estudiar durante horas. Quería sorprender a su padre. El reverendo se había mostrado tan reacio a su vocación, que Nikola quería demostrarle que no se había equivocado. La ingeniería era su camino, el camino.

Caminaba.

«Empezaba a trabajar a las tres de la madrugada —contaba Tesla— y no paraba hasta las once de la noche». Veinte horas, todos los días, domingos, festivos y vísperas. Aquel curso aprobó nueve asignaturas. Lo normal era pasar sólo cuatro. Los profesores pensaban que merecía algo más que matrículas. Los *cum laude* eran muy poco. Habría que inventar una nota nueva para el estudiante Tesla. En el Instituto Politécnico de Graz, él había rebasado todas las marcas.

«Armado con mis espectaculares notas –escribió Tesla– volví a casa en vacaciones». Se esperaba un éxito sin precedentes. Pero sólo encontró indiferencia. Su padre apenas reparó en sus notas. «Aquello casi mató mi ambición», relató Tesla. Tal vez por eso, durante el curso siguiente, empezó a faltar a clase. Descubrió el juego. Cambió los libros y los experimentos por el billar y los naipes.

Durante el tercer curso dejó la escuela. Se fue a Maribor (Eslovenia). Uno de sus familiares dijo que le había llegado el rumor de que la policía lo había expulsado de la escuela y de Graz por sus problemas con el juego. Su padre se presentó en Maribor. Le pidió, por favor, que volviera. Nikola no le hizo caso. Siguió apostando a las cartas el dinero que ya se ganaba como delineante en una pequeña empresa. Era 1879. Tenía veintidós años y era un tahúr excelente. Le acabaron deportando por carecer del permiso de residencia. Volvió a la casa paterna escoltado por la policía.

El reverendo Milutin murió aquel año. Entre los documentos que guardaba, Nikola encontró un paquete de cartas remitidas por sus profesores. Todas estaban fechadas en el primer curso. Y todas contaban lo mismo. «Estimado reverendo: si no quiere que su hijo Nikola muera de sobresfuerzo, es preciso que lo saque de la escuela cuanto antes.

De lo contrario, acabará sufriendo un colapso o alguna dolencia tan grave que no tenga remedio. Su exceso de concentración, dedicación y trabajo nos parecen inhumanos. Estamos muy preocupados, reverendo. La salud psíquica y fisiológica de su hijo Nikola Tesla nos concierne, nos afecta y nos inquieta seriamente».

Tesla las leyó todas. Y sintió una pena inmensa. Comprendió la indiferencia que fingió su padre, ese vistazo a sus notas, desinteresado y rápido, como si todo su esfuerzo no hubiese valido nada.

Al año siguiente fue a Praga. Empezó a asistir a las clases en la universidad como oyente. Ya había abandonado el juego. Se acabaron los billares y las partidas de brisca, el tute o las siete y media. Empezó a echar horas en la biblioteca. Tesla había vuelto al camino. No iba a volver a perderse.

❑ ❐ ❑

El dinero es eso cuyo valor descubrimos en el asilo o en la agonía. Demasiado tarde. Si te has matado para conseguirlo, a ver cómo lo remedias.

Tesla fue un manirroto y un pésimo hombre de negocios. «Si alguna vez consigo que entre por la puerta tanto dinero como el que tiro por la ventana para experimentar con mis ideas –dijo–, acabaré siendo un hombre rico». No inventaba para conseguir dinero; inventaba por amor al hombre. Pero necesitaba el dinero para seguir inventando. Invertía todo lo ganado en nuevos inventos. «El dinero no representa el valor que le dan los hombres –dijo–. Yo siempre lo he invertido en mis experimentos. Gracias a ellos, he podido realizar descubrimientos que han llevado a la humanidad a una vida mejor».

La invención es cara, y más en el caso de Tesla. Él siempre pensaba en grande, lo que requería grandes sumas de inversión en su laboratorio. Quería ser rico. Sabía que su talento era una baza segura, pero le faltaba ese ingrediente de los vendedores de humo, la desfachatez basada en que el comprador es tonto. No era un embaucador; era un genio. Él vendía el progreso. Construía el futuro. Anunciaba sueños con demostraciones prácticas. Los pícaros pudientes de su alrededor se dieron cuenta. Y se aprovecharon. Él puso el talento y el trabajo. Se lo compraron a bajo precio. Lo revendieron. Y se hicieron todavía más ricos. La misma historia de siempre.

En las cartas que enviaba a amigos y familiares hay dos frases que se repiten: «Algún día seré muy rico» y «Estoy completamente arruinado, en la bancarrota». Y de fondo, siempre la misma música: necesito inversores. Acuciado por la falta de dinero y las deudas, pero siempre entusiasmado con sus ideas nuevas, llegó a escribir: «Paso la mitad del tiempo como un reo condenado al patíbulo; la otra mitad, soy el más feliz de los mortales».

Ganó su primer dinero de adolescente, como ayudante en una biblioteca. «De todas las cosas que había en el mundo –dijo– lo que más me gustaba eran los libros». Fue un placer más que un trabajo.

En Maribor, donde trabajó como delineante, ganaba sesenta florines mensuales. Los apostaba en el juego, «Hasta que me di cuenta —confesó más tarde— de que mis padres se habían sacrificado demasiado por mí y decidí aliviarlos de esta carga».

No pudo matricularse en la universidad de Praga porque no podía costeársela. Iba a clases de oyente y casi podría afirmarse que vivía en la biblioteca. No obtuvo licenciatura alguna. Tesla fue autodidacta. Cuando se fue a Budapest, consiguió, gracias a un tío suyo, un empleo como delineante en la Oficina Central de Telégrafos «con un salario —escribió— que prefiero no revelar». Suponemos que sería un becario. Pero su jefe no tardó en descubrir que aquel chico era un prodigio. Le nombró jefe eléctrico. Tenía veinticinco años. Trabajaba demasiado, pero seguía ganando muy poco. Una tarde, en un parque, descubrió cómo sería el motor que cambiaría el ritmo del mundo. En sus horas libres, se dedicó a diseñar máquinas. Intentó encontrar inversores. Nadie creyó en su invento.

Un año después le contrataron en la Continental Edison Company de París, un sueño. «Jamás olvidaré la impresión que me causó esa ciudad tan mágica. Días después de mi llegada, me dediqué a vagar por las calles totalmente fascinado por el nuevo espectáculo. Las atracciones eran tantas y tan irresistibles que me gastaba todo el salario nada más recibirlo. Los últimos veintinueve días del mes eran los más duros», contaba.

En París mejoró las dinamos. Deslumbró a sus jefes. Intentó colocar su motor en la empresa, pero nadie le hizo caso. No entendían las ventajas de su corriente alterna. Funcionaban con la continua. Le enviaron de misión a Estrasburgo para arreglar la estación de trenes. Había explotado una pared por culpa de un cortocircuito en la inauguración, ante el emperador Guillermo. Un desastre. Le prometieron un incentivo si lo reparaba. Tesla llegó y, con su alemán perfecto, trabó amistad con el alcalde. Él sí creyó en su motor. Convocó una reunión a la que invitó a hombres ricos, potenciales inversores del invento de su amigo. La demostración de Tesla fue perfecta. Pero nadie quiso financiarlo.

En cuanto a la estación de tren, la arregló enseguida. Cuando volvió a París y pidió lo prometido, sus jefes se escaquearon: «Yo no soy el responsable; el responsable es Fulano». «¿Quién le ha dicho que el responsable es Fulano? El responsable es Zutano». «Sí, yo soy Zutano, pero no tengo nada que ver con ese asunto, vuelva usted a hablar con Fulano». «¿Que Zutano le ha dicho que hable conmigo? ¿Será posible? Yo no sé nada». Comprendió que le habían engañado. No iban a pagarle nunca la suma prometida. Debió de ver en este hecho un episodio que volvería a repetirse, como un estribillo, a lo largo de los años. Era muy joven, demasiado, para descifrar la partitura.

—Pero ¿qué está usted haciendo aquí? –le dijo Charles Batchelor, un ingeniero amigo de Edison–. Un hombre de su talento… Váyase a América.

Y le escribió una carta de recomendación para Edison que decía: «Conozco a dos grandes hombres y uno de ellos es usted; el otro es este joven».

Decepcionado pero con las ilusiones intactas, vendió lo poco que tenía y partió rumbo a América. Sus tíos Pajo y Petar le pagaron los billetes del tren y el barco, pero los perdió y tuvo que colarse. Cuando llegó a Nueva York, tenía cuatro centavos. Al día siguiente, empezó a trabajar para el mismísimo Edison. El gran genio americano, el Mago de Menlo Park estaba allí, ante sus ojos y trabajaba junto a él, codo con codo. Su jornada: de diez y media de la mañana a cinco de la madrugada. Dormía apenas cinco horas. El resto del día, trabajaba. Cobraba dieciocho dólares a la semana. Un salario decente. Le habló a Edison de su motor, claro. Le contó, entusiasmado, las ventajas de la corriente alterna. El gran Edison despreció sus ideas. Aunque se dio cuenta del talento del joven croata, subestimó su ambición y sus sueños.

Edison le encargó mejorar veinticuatro dinamos renqueantes y lentas que funcionaban con corriente continua.

—Si lo consigue –le dijo–, le daré cincuenta mil dólares.

Tesla se puso a ello. Las mejoró con un nuevo diseño y les añadió el control automático, algo totalmente novedoso. Cuando se presentó en su despacho para cobrar lo prometido, Edison soltó una carcajada. Podemos imaginarlo: codos doblados, manos en la cabeza, pies en la mesa. Y la bata sucia. «Carecía de los hábitos higiénicos más elementales –declaró Tesla años después–. Si no fuera por su mujer, que se esmera tanto en que coma bien, se lave y se mude de ropa, habría muerto hace muchos años».

—Mi querido amigo –le dijo Edison–, sigue siendo usted un provinciano recién llegado. Todavía no ha aprendido nada del humor americano.

«Su promesa resultó ser una broma –escribió Tesla–. Fue un *shock* muy doloroso y renuncié al trabajo».

Edison le ofreció un aumento de diez dólares por semana. No quería perderlo. Pero Tesla se puso el sombrero y salió por la puerta de la Continental Edison Company con la cabeza muy alta y el corazón humillado. Habían vuelto a estafarle.

Un grupo de inversores le propuso crear una compañía con su nombre si diseñaba lámparas de arco. Tesla les habló de su motor y las ventajas de la corriente alterna, pero le dijeron «No, gracias; limítese a diseñar lámparas». Así nació la primera Tesla Electric Light Company, lo que le llenó de alegría durante un año. Hizo su trabajo. Iluminó las calles a cambio de un salario pírrico. Para conformarle, le pagaban con acciones de la compañía. Un buen día, se vio en la calle, sin dinero, expulsado de la empresa y con un fajo de valores preciosamente impresos que apenas cotizaban en bolsa. De vuelta a la nada.

Y aquí empieza su aventura vital más amarga. Tuvo que ponerse a cavar zanjas. Ironía: eran para enterrar los cables de la corriente continua de Edison. El mejor de los días, llegaba a cobrar dos dólares. Pasó hambre. Pasó frío. Le salieron sabañones. El mayor inventor de la historia doblando el lomo. De 1886 a 1887, de primavera a primavera. Durante los descansos, les hablaba a los obreros de su motor de corriente alterna. El capataz reparó en sus charlas. También era un hombre sin suerte, con estudios y venido a menos. Le presentó a un jefe de la Western Union Telegraph y éste creyó en su proyecto. Aliado con otro socio, le montaron la Tesla Electric Company. Le pusieron un laboratorio en South Fifth Avenue. Y Tesla se lanzó a diseñar motores de corriente alterna: monofásicos, bifásicos y trifásicos, de todo tipo. Sabía cómo debían ser desde hacía cinco años, desde que los vio en su mente, en un parque de Budapest, mientras el sol se ponía. Por fin. Tesla seguía siendo pobre, pero el proyecto despegaba.

Entonces George Westinghouse entró en su vida. Un hombre inteligente, brillante, emprendedor, ambicioso y con bigotes de morsa. Era el presidente de la Westinghouse Electric Company.

—Señor Tesla –le dijo–, le compro las patentes de sus motores de corriente alterna por un millón de dólares más –y aquí viene lo mejor de todo– los *royalties* correspondientes: dos dólares y medio por caballo de potencia. ¿Qué le parece?

Eran, en total, cuarenta patentes. A veinticinco mil dólares cada una. Para Westinghouse, una ganga. Tesla tenía que compartir las ganancias con los accionistas de la Tesla Electric Company, sus primeros promotores. Le quedaba, limpio, medio millón. Era 1888 y ya podría decirse que era un hombre con dinero. Westinghouse, además, le pagó un sueldo de dos mil dólares mensuales por seguir investigando en su sede de Pittsburgh. Aquello funcionaba.

Pero Tesla nunca abandonó su propio laboratorio. A lo largo de su vida tuvo varios. Eran su santuario, ese lugar sagrado en el que se pasaba las horas aislado del mundo, dedicado a hurgar en las vísceras más recónditas del universo.

Junto a Westinghouse, Tesla hizo grandes cosas. Iluminó la Exposición Universal de Chicago y la ciudad de Nueva York. Implantó en el mundo su sistema de corriente alterna. Fue su época dorada, ésa en la que se alojaba en el Waldorf Astoria. Genio, soltero y rico. Las mujeres suspiraban a su paso. A él sólo le importaban sus inventos.

Cuatro años después de su alianza, Westinghouse le visitó una tarde. Le anunció que su empresa iba a fundirse con otras dos eléctricas. Nacería la Westinghouse Electric and Manufacturing Company. Sería una compañía aún más poderosa. Pero tenían un problema: los *royalties* de Tesla. Los banqueros e inversores le estaban presionando. Si le pagaba al inventor los dos dólares y medio acordados por cada caballo de potencia, acabarían arruinándose. Imposible calcular la suma. No había dinero en el mundo para pagar aquello. Le rogó que considerara su postura. Le pidió, por favor, que renunciara.

Un asunto difícil. Los motores de Tesla estaban cambiando la industria. Su corriente alterna era la revolución. Sus cuarenta patentes habían convertido a Westinghouse en multimillonario. La nueva compañía iba a dominar el mundo. ¿Renunciaría aquel hombre genial, obsesionado con la energía y sus frecuencias, a tanta riqueza?

En caso de que no lo hiciera y no percibiera sus derechos, podría acudir a los tribunales. Los jueces le darían la razón. Un contrato es un contrato. Aquello era América.

—¿Qué ocurriría si no renunciara? –le preguntó Tesla.

—Nos borrarían de la escena a mí y a mis socios, y tendrías que ser tú quien lidiara con los bancos.

—¿Seguirás fabricando mis motores? –le preguntó Tesla.
—Por supuesto, Nikola, te doy mi palabra.
—¿Seguirás vendiendo y exportando mi sistema polifásico de corriente alterna?
—No sé cómo lo dudas. Tu sistema es el mayor descubrimiento en el campo eléctrico de todos los tiempos. Está cambiando la historia. Es el único.

Westinghouse sabía que a un genio se le conquista con el halago y no con el dinero. La vanidad o el bolsillo, la gloria o la cartera. Los dos platillos de la balanza permanecían en equilibrio. Bastaría un simple gesto de Tesla para cambiar por completo el destino, la felicidad y el ritmo de la humanidad futura. No exagero.

—Espera un momento –dijo el genio.

Se levantó y salió para volver con el contrato.

—Mi querido George –dijo–, eres un amigo. Tú creíste en mí cuando nadie creía. Juntos hemos cambiado el mundo. ¿Qué importa mi dinero cuando lo que está en juego es el bienestar de los hombres?

Tesla hizo trizas el contrato. Con este gesto firmó la póliza de su pobreza. Si no hubiera roto el acuerdo, se habría convertido en uno de los hombres más ricos del mundo. 2,5 dólares por caballo vendido. Incalculable.

A partir entonces, tuvo que buscarse inversores que financiaran sus experimentos. Su laboratorio era caro. Carísimo. Cuando lo instaló en Colorado Springs, contaba con el apoyo y la fe de magnates e inversores. Pudo reunir cuarenta mil dólares para levantar su central en miniatura. Pero sus planes eran más ambiciosos. Aquello sólo había sido un ensayo. Necesitaba levantar una central auténtica, una inmensa torre desde la que pudiera enviar la electricidad sin cables producida por la Tierra hasta todos sus confines. La energía disponible sería su gran donación al mundo, ese sueño que ya estaba a punto. Sabía cómo conseguirlo. Sólo necesitaba la confianza de algún hombre acaudalado que aflojara el bolsillo. La causa lo merecía.

Reparó en Henry O. Havemeyer, alias «el sultán del azúcar», por su ingente fortuna amasada en las plantaciones y refinerías del producto de caña. Para engatusarlo, le envió un mensajero con una descripción sucinta del proyecto y un regalito: un anillo con un gran zafiro. Tesla era así de pintoresco. El dulce sultán le dio calabazas. Pero se quedó el anillo.

Entonces apareció J. Pierpont Morgan, el banquero más poderoso y con menos escrúpulos de EE. UU. Era dueño de la banca y de miles de hombres, además de una nariz enorme y purulenta en forma de patata roja. No soportaba que le hicieran fotos. Cada vez que le asaltaba un *paparazzi*, se liaba a bastonazos.

Era 1900. Tesla firmó, por fin, un acuerdo con J. P. Morgan. Pensaba que había conseguido el inversor más solvente. El banquero se quedaba con el 51 por 100 de todas las patentes, presentes y futuras, y referidas a iluminación eléctrica y telegrafía sin hilos por 150.000 dólares. Morgan era un listo. Al comprar sus patentes futuras se aseguraba muy bien de amarrar el proyecto. Si acabara siendo un éxito, dispondría de por vida de los beneficios y del cerebro de Tesla. Y –lo más importante– ninguno de sus competidores podría arrebatárselo.

No hace falta decir que Tesla seguía siendo el mismo cándido de siempre. 150.000 dólares, una cantidad ridícula. Para levantar la central eléctrica de Edison en Manhattan, el mismo J. P. Morgan había invertido, en su día, un millón de dólares. Además Tesla se creyó lo que el banquero le aseguró en la firma:

—Le daré un adelanto. Ya le iré enviando el resto.

Mentira. Entusiasmado con su deseo de electrificar el orbe, ciego ante la perspectiva de ver su torre funcionando, borracho de gloria, creyó en la palabra de un banquero. Pobre Tesla. El único hombre en la historia capaz de generar tormentas, acababa de vender su futuro saturado de sueños a uno de los hombres más tramposos del planeta. Pero lo ignoraba. Estaba muy contento. Por fin iba a levantar su central. Y bombearía energía. E inundaría la tierra.

Tesla no le contó toda la verdad a Morgan. Era ingenuo, sí, pero no tonto. El banquero acababa de invertir una fortuna en cobre para el tendido de cables eléctricos. Si el inventor le ponía al corriente de que su idea consistía en generar y enviar electricidad sin cables, la enorme presencia de J. P. Morgan se esfumaría de su vida pegando un portazo. Tesla imaginó la escena:

—Electricidad, ¡¿sin quééé?!

La nariz del todopoderoso todavía más hinchada y roja, sus maldiciones y exabruptos y el puñetazo que daría en la mesa.

Así que sólo le habló de su sistema de radiodifusión mundial, adaptable a cualquier longitud de onda. Le informó de que había conseguido transmisiones a más de mil trescientos kilómetros. Podría enviar a través del océano mensajes telefónicos, noticias, informes de bolsa, música, discursos en directo, mensajes privados, oficiales, del Ejército y hasta fotografías con confidencialidad absoluta: no habría interferencias.

—¿Se imagina? –dijo Tesla–. Todo el mundo, en mar o tierra, podrá emitir o recibir lo que quiera con un aparato pequeño, del tamaño de un reloj de chaleco y, además, muy barato. Cuando la conexión inalámbrica funcione, la Tierra se convertirá en un inmenso cerebro, capaz de enviar respuestas a cualquier parte.

—Ya veremos –dijo Morgan.

En realidad, Tesla no mintió; simplemente omitió la parte más sustancial del proyecto. Se jugaba el progreso humano. Por eso se guardó la carta. Sospechaba, con razón, que al banquero la energía disponible y gratuita no le haría ninguna gracia.

Su intención era levantar dos torres: una cubriría la radiodifusión de mensajes a través del Atlántico y la otra, del Pacífico. Para la primera, estimaba un presupuesto de cien mil dólares; para la segunda, de doscientos cincuenta mil. Unos cálculos miserables. Tiraba muy a la baja. Aunque sabía que sus inventos resultaban impagables, no supo venderlos nunca.

James D. Warden, un pez gordo en la venta de tierras, le cedió una parcela de ochenta hectáreas en Shoreham, Long

Island. En agradecimiento y tal vez porque su apellido le pareciera sugerente –*warden* significa «guardián»–, Tesla bautizó el lugar como Wardenclyffe. Sí, allí él levantaría la primera ciudad mundial de las telecomunicaciones. Su sueño ya tenía cimientos.

Y cuando Wardenclyffe funcionara por todo el Atlántico, buscaría emplazamiento para su segunda torre a orillas del Pacífico.

La torre Wardenclyffe medía cincuenta y siete metros. Resultaba imponente. Octogonal, toda de madera –no contenía ni un sólo clavo– y rematada en la punta por una cúpula de acero en forma de media pelota. Era un electrodo. Pesaba cincuenta y cinco toneladas. Tesla había planeado forrar de cobre la cúpula, pero, al final, tuvo que dejarla al aire. No le quedó más remedio. No disponía de más fondos.

En el interior, la torre albergaba un pozo de madera para bombear la energía eléctrica con un tubo de acero que enterró a cuarenta metros bajo el suelo. Y añadió dieciséis tubos de hierro a una profundidad de casi cien metros. Conducían la electricidad y anclaban la antena. «En este sistema que he inventado –explicó– es necesario que la máquina se agarre muy bien a la tierra para que pueda sacudirla. Tiene que hacerla temblar y estremecerse».

Mientras contemplaba cómo la torre iba cobrando envergadura por arriba y por abajo, reparó en que los fondos firmados y prometidos por J. P. Morgan le llegaban muy despacio, con cuentagotas. Empezó a enviarle cartas. «Señor Morgan –escribía–, le aseguro que pronto comprobará que no sólo le estoy extremadamente agradecido por su generosidad, sino que multiplicaré el valor de su inversión filantrópica». O «Señor Morgan, además de generoso, es usted un gran hombre, magnánimo y con una amplísima visión de negocios». O «Señor Morgan, usted no es ya sólo un hombre, sino un principio, y cada chispa de su vitalidad debería ser asegurada para el bien del prójimo». O «Señor Morgan, mi mayor deseo es demostrarme a mí mismo que soy digno de su confianza y que haber trabado relación, aunque a distancia, con un hombre tan grande y noble como usted será una de las experiencias más gratificantes y hermosas de mi vida». O «Señor Morgan, mi torre Wardenclyffe le convertirá en un hombre famoso en el mundo entero. Sin el patrocinio de la reina Isabel la Católica, Colón nunca habría llegado a América. Yo sigo necesitándole».

Antes de estampar la firma, a veces se despedía con un «devotamente suyo». El mayor genio de la invención postrándose ante un rufián con gemelos y reloj de oro. Lamentable.

Las cartas surtían poco efecto.

El 12 de diciembre de 1901, el mundo se despertó con una gran noticia: Guglielmo Marconi había transmitido por señales de radio la letra S a través del Atlántico, desde Cornwall (Inglaterra) hasta la isla de Terranova, muy cerca de Canadá. Un éxito para el mundo y un mazazo para Tesla. La radiodifusión le pertenecía. Acababan de robársela.

—Ese Marconi es un asno –dijo el genio al enterarse–, Por mí, puede seguir enviando letritas, como si envía todo el abecedario. Está utilizando diecisiete patentes mías.

Así era. Tesla acabó demandándole por apropiación indebida de aparatos y diseños registrados a su nombre, con número y fecha, en la oficina de patentes. Pero la justicia es lenta.

Ocho años más tarde, en 1909, Marconi recibió el Premio Nobel de Física por su contribución al desarrollo de la telegrafía sin hilos, conocida en nuestros días como la radio. De todas las demandas judiciales con las que tuvo que lidiar este hombre, la que más pesó fue la de Tesla. El 21 de junio de 1943, el Tribunal Supremo de Justicia de Estados Unidos de América revocó un fallo anterior favorable a Marconi para dictar sentencia admitiendo que Nikola Tesla era el verdadero inventor de la radio. El genio no se enteró. Llevaba cinco meses muerto.

En vida, sólo coincidió en una ocasión con Marconi. Tesla acababa de llegar de Colorado Springs y se sentía eufórico, el más feliz de los hombres. Una tarde, en el New York Science Club, el inventor italiano, un advenedizo, se le acercó para preguntarle por su transformador y sus experimentos con la transmisión de energía a distancias colosales. Y Tesla se lo explicó.

—Eso es imposible –murmuró Marconi.

—Ya veremos –dijo Tesla–. El tiempo tiene la palabra.

A lo largo de su vida, Tesla se fue tropezando con numerosos *marconis*. No fue sólo cuestión de mala suerte. Abundan en todas partes y acuden donde huelen sangre, es decir, talento. Son como los mosquitos. Absorben. Se llenan el buche de laurel y gloria. Hasta que el Tiempo, ese gran justiciero, aclara las cosas y ordena los hechos. Pone a los *marconis* en su sitio.

Pero en 1902, Morgan, el banquero de la nariz escarlata, todavía desconocía todo aquello. Y empezó a dudar del genio. Ese Marconi lo había conseguido sin ninguna torre y a un precio muy bajo. Y no tenía ni treinta años. ¿No estaría tirando el dinero en Tesla y su Wardenclyffe?

El inventor seguía enviándole cartas. Hasta que se cansó de esperar y decidió contarle toda la verdad a Morgan. Le confesó que su sistema electrificaría todo el orbe sin necesidad de cables. Difundiría la energía desde sus centrales a través de la tierra y la ionosfera hasta todos los rincones. Comparada con sus verdaderas intenciones, la radiodifusión era una minucia, un juego de niños para aficionados como el plagiario de Marconi. Le pedía perdón por no habérselo dicho antes alegando que, de haberlo hecho, el banquero le habría echado a patadas de su despacho.

Cuando Morgan leyó aquello, dijo:

—Pero ¿cómo vamos a sacar dinero de la electricidad si Tesla piensa suministrársela gratis a todo el mundo? ¡Esto es de locos!

Y le cortó el grifo. Definitivamente. Se lo comunicó por carta, con fecha de 14 de julio de 1903: «Señor Tesla, he de decirle que no contemplo dentro de mis cálculos facilitarle más anticipos». Sus súplicas habían resultado inútiles. «Señor Morgan, ¿no va a ayudarme? ¿Va a dejarme en este agujero? ¿Va a permitir que mi obra magna, esa que muchos tildan de inalcanzable y que ya casi está terminada, se arruine? Por favor, señor Morgan». Nada. El señor Morgan se había limitado a ojear sus cartas mientras le hacían la pedicura. La arrogancia de los poderosos. Habría que haber visto al banquero en su lecho de muerte. En uno de sus viajes por Egipto le picó un mosquito infectado con el virus del Nilo. La enfermedad ataca al encéfalo y los intestinos. Morgan murió delirando, loco y con gastroenteritis. No le sirvió de nada llevar consigo a su médico privado. Era 1913. Un año antes, había comprado un pasaje –vip, por supuesto– para viajar en el Titanic. Lo canceló en el último momento.

La noche del 14 de julio de 1903, tras recibir la carta de su despido, Tesla decidió vengarse. Fue una venganza blanca. No había ninguna maldad en el corazón del hombre con más luz de su época. Desde la cúpula de la torre Wardenclyffe descargó la mayor tormenta que había producido nunca. Los vecinos de Long Island no eran tan provincianos como los de Colorado Springs. Contemplaron el espectáculo sin miedo, maravillados ante toda esa convulsión de luces. Al día siguiente, en cuanto salió la luna, volvió a la carga. Wardenclyffe era capaz de generar 100 millones de voltios. Poco si lo comparamos con los voltios de un verdadero rayo, pero imaginemos los relámpagos de Tesla, restallando sin descanso, a mayor velocidad que los reales. Era su forma de decir: «Jódete, J. P. Morgan, ¡jódete!». Una venganza conmovedora.

Alertados, los periodistas de Nueva York acudieron en masa. Tesla les negó la entrada. No concedió entrevistas. Solamente comentó: «Si seguís trasnochando, acabaréis viendo cosas más sorprendentes. Algún día, os enseñaré algo que ni siquiera podéis imaginar. Pero habrá que esperar un poco, ahora no es el momento».

No, el genio no iba a rendirse. Mientras las facturas comenzaban a apilarse y los acreedores le enviaban emisarios, Tesla se lanzó a la caza de posibles inversores. Su amigo Westinghouse, el mismo al que había hecho rico, le contestó:

—Tengo que pensármelo.

El rumor de que Morgan ya no le financiaba se filtró en la bolsa. En los corrillos de Wall Street se comentaba: «J. P. le ha dejado tirado. Se ha quedado con las patentes y ahora no quiere que las desarrolle». Suficiente para disuadir al inversor más temerario. «Señor Morgan –volvía a escribir Tesla–, cuando fui a su despacho para enseñarle todo lo que había logrado, me echó usted como si fuera un botones y con un bramido que se oyó a seis manzanas: «¡Ni un centavo!». Todo Nueva York lo sabe, usted me ha desprestigiado y ahora soy un payaso para mis detractores».

Para colmo, la economía del país sufrió un colapso y los precios de los materiales se dispararon. Imposible rematar la torre. En Croacia, su familia llegó a realizar una colecta de fondos para sufragar los gastos. La buena intención no bastaba. Se pagaron algunas facturas, pero seguían llegando otras. «No veo más que peligros y dificultades por todas partes –escribía Tesla a un amigo–. ¿Cuándo va a acabar toda esta pesadilla?».

Una revista especializada tituló un artículo: «Nikola Tesla: su trabajo y sus promesas incumplidas». La prensa es el corifeo. Convierte en realidad rumores y suposiciones. «Hace diez años –afirmaba el periodista– Tesla representaba la gran esperanza para la era eléctrica. Hoy, su nombre sólo nos recuerda demasiadas promesas incumplidas».

Un horrible día de aquéllos, mientras experimentaba con plomo fundido junto a George Scherff –su ayudante más fiel y paño de lágrimas–, les saltó a traición un chorro hirviendo. A Tesla le pasó rozando, pero a Scherff le abrasó la cara. Fue un milagro que no se quedara ciego.

Scherff resistió a su lado cuanto pudo. Adoraba a Tesla. En 1906 no le quedó más remedio que acabar aceptando otro empleo. Y abandonó Wardenclyffe. Fin del sueño.

Humillado y vencido, Tesla acabó padeciendo una crisis nerviosa. «No es un delirio –dijo–, sino una sencilla hazaña científica de ingeniería eléctrica, eso sí, muy cara... Mundo incrédulo, miope, pusilánime y cobarde». Lo afirmaba susurrando. Esos días no contaba con fuerzas para pronunciarlo en un tono audible.

Hay quien dice que J. P. Morgan fue el gran perdedor en aquella historia. Si le hubiera sufragado el proyecto, se habría convertido en el hombre más poderoso del siglo XX. También hay quien dice que Morgan lo sabía. Sabía que el sueño de Tesla podría ser posible. Un peligro. Tuvo que comprarle las patentes presentes y futuras para abortar su proyecto. Con ello evitó a propósito que los pobres de la tierra acabaran recibiendo energía gratuita o a un precio irrisorio.

Así que la ruina de Tesla comenzó a fraguarse en 1902, mientras contemplaba su torre hacer sombra sobre los campos de Shoreman. Se resistió como pudo. Aguantó hasta la última décima del último segundo de la quiebra. Cuatro años más tarde, el pájaro cayó de bruces en la tierra, igual que un vencejo con un ala rota. Le habían amputado su sueño. Un golpe en seco del que ya no iba a recuperarse nunca. Aunque su mente siguió imaginando, pergeñando y diseñando ideas, su fama, desde aquel momento, quedó mancillada de por vida. No volvería a brillar en los salones, ni en la prensa, ni en Wall Street, ni en Europa ni en América. Todos sus méritos eran ya cosa del pasado. Se había convertido en un cantamañanas, un fantasma, un apestado para la comunidad científica «¿Tesla? Qué pena. Delira. Pero si hasta dice que puede oír a los marcianos».

Cuando empezó a construir Wardenclyffe tenía cuarenta y cinco años. No sólo se había adelantado al tiempo del mundo, sino al tiempo de su propia vida. Descubrió el campo magnético rotativo a los veintiséis años. Iluminó el mundo con las cataratas del Niágara a los cuarenta. Exceso de velocidad para el común de los mortales. Iba muy deprisa. Pero, en realidad, él siempre fue a su ritmo, el de un genio entre los genios.

A partir del fracaso de Wardenclyffe se iniciaría su declive, la cuesta abajo. Tesla iría resbalando, despacio, por la pendiente de los años hasta su muerte y el olvido.

El 4 de julio de 1917, Wardenclyffe fue derribada por su dueño, el hotel Waldorf Astoria. Tesla le debía 20.000 dólares por su pasada estancia en sus días más dorados, los de vino y rosas. Hubo que detonar varias cargas de dinamita porque aquello permanecía tan anclado a la tierra que no se derrumbaba. Hasta entonces, la torre había resistido, igual que un fantasma con dignidad y telarañas, el saqueo de cuadrillas de vándalos y hasta los rumores de que los alemanes la utilizaban como un centro de espionaje.

Mucho tiempo después, Tesla se atrevió una tarde a regresar al lugar y echar un vistazo. «No llegué a llorar –le confesó a Scherff–, pero estuve a punto».

❏ ❏ ❏

No hay muchas escenas definitivas en la vida de un ser humano. Son todas esas escenas en las que se da un giro brusco. Cambian la trayectoria. No sabemos adónde conducen. Nadie está preparado. Nos suceden sin aviso.

Westinghouse suplicándole que renunciara a los *royalties* de sus motores de corriente alterna: ésa fue una gran escena en la vida de Tesla. Si no hubiera roto el contrato, podría haberse financiado él mismo su torre Wardenclyffe. Y habría completado su sueño: levantar una segunda torre para cubrir todo el planeta. No habría vuelto a ser pobre y la humanidad dispondría de un sistema mundial de energía sin cables. (¡Atención, humanos!: sus diseños, anotaciones y cálculos deben de estar en alguna parte. Era su regalo al mundo. Nos pertenece).

Además de esa gran escena, que supuso el desvío hacia su ruina, en la vida de Tesla hubo otras que lo condujeron hacia el hombre que triunfó y hacia el viejo que murió olvidado: las chispas saltando en el lomo de su gato Macak; el sol poniéndose y, a contraluz, el motor de corriente alterna; su llegada a América; el encuentro con Edison; la inauguración de la central hidroeléctrica en las cataratas del Niágara; la demolición de la torre Wardenclyffe y, por último, la muerte de su paloma.

No se le conoció mujer. Tesla murió virgen. Corrieron rumores que suponían y susurraban la homosexualidad del genio, pero lo cierto es que en su vida tampoco hubo ningún hombre. No era un humano corriente. En una vida común, los otros son ese escaso puñado de personas importantes que nos guían o nos despistan, nos curan o nos infectan, nos protegen o nos hieren, nos dan parte de sus vidas o nos roban parte de las nuestras. Aparecen a su tiempo. Al final, proyectando la vista atrás nos damos cuenta de quién fue una bendición y quién una desgracia.

Pero en la vida de Tesla, no existió ningún mortal, ni uno, que desviara su trayectoria, a excepción de su madre, que le ayudó a librarse, de joven, de su afición al juego, y su hermano, que murió en la infancia. Tesla vivió solo. Nunca se entregó a nadie.

Aunque la causa de su defunción fuese una trombosis coronaria, en realidad Nikola Tesla murió de pena. «Soy un hombre derrotado –declaró en una de sus últimas entrevistas–. Yo quería iluminar toda la Tierra».

1924. Tesla era un anciano de sesenta y ocho años. Una mañana, un policía se presentó en su laboratorio de la Calle Cuarenta con una orden de desahucio. Debía vaciar el local y entregar la llave al dueño. Llevaba tiempo sin pagar la renta. El inventor hizo balance: números rojos en su cuenta corriente, varios acreedores entre los que se encontraba el hotel St. Regis, que le había demandado por impago de 3000 dólares y –lo más urgente– las dos semanas de sueldo que les debía a sus secretarias. En el cajón del dinero sólo quedaba un billete de cinco dólares. Rebuscando en el laboratorio, encontró la medalla Edison que le habían otorgado siete años antes. Era de oro macizo.

—Señoritas –dijo reuniendo a sus secretarias, la señorita Muriel y la señorita Dorothy–, esto es todo cuanto poseo ahora mismo. Debe de valer unos cien dólares. No puedo pagarles lo que les debo, así que tomen, quédensela, la merecen.

—No, señor Tesla, de ninguna manera –dijeron al unísono–. No podemos aceptarla.

—No veo por qué no. Si la funden y la venden, pueden repartirse las ganancias. No sé qué habría hecho yo todos estos años sin ustedes.

—Que no, señor Tesla. Ha sido un honor trabajar para usted. No nos debe nada.

Entonces vaciaron sus monederos y le ofrecieron lo que tenían. Tesla rehusó, por supuesto.

El inventor llamó entonces a Julius Czito, su fiel ayudante al que le debía 1100 dólares.

—Necesito que me ayudes. ¿Serías tan amable de presentarte en mi laboratorio?

—Por supuesto, señor Tesla. Voy ahora mismo.

Czito tenía la llave de un almacén muy próximo donde pudieron almacenar los muebles y los aparatos. También disponía de un huerto a las afueras de Nueva York donde Tesla enterraba sus palomas. Aquel día, también enterró su laboratorio.

Cuando todo acabó esa mañana, aún quedaba el billete de cinco dólares.

—Señorita Muriel –dijo Tesla–, ¿le importaría comprarme una bolsa de alpiste? Puede dejarla en mi hotel, que le pilla de camino.

—Claro que sí, señor Tesla.

Todo había acabado. Unos días después, Tesla les pagó a sus secretarias lo que les debía –35 dólares por semana– más una propina de 70 dólares a cada una. En cuanto a Julius Czito, no se sabe si llegó a cobrar. Siempre consideró, como las señoritas, que era todo un honor trabajar para el maestro.

Le quedaban, todavía, casi veinte años de vida, un tiempo en que fue rodando de hotel en hotel: del St. Regis al Marguery, luego al Pennsylvania y al Governor Clinton. Le ponían en la calle por impago y por las molestias de sus palomas. Acabó en el hotel New Yorker, en pleno Manhattan. La Westinghouse se hizo cargo. Le pagó la habitación hasta su muerte, qué detalle. Gracias a eso y a la pensión del Gobierno yugoslavo –7200 dólares anuales– fue tirando aquel anciano tan alto que ya caminaba encorvado.

Muy atrás quedaban sus años dorados en los que vivió en el Waldorf Astoria. Era doctor *honoris causa* por las universidades más prestigiosas de Europa, había iluminado y puesto a funcionar el orbe y vivía pobremente, con lo justo.

❏ ❐ ❑

Michael Faraday era uno de sus maestros. Fue el primero en construir un circuito eléctrico, una especie de antepasado del motor de Tesla. Así que, de alguna forma –espiritual, iniciática–, para Tesla era como un padre, el científico que le pasó el relevo. No pudo conocerlo. Murió el año en que Tesla cumplió once años.

En 1892, Tesla se presentó ante la Royal Institution de Londres, la academia científica más prestigiosa del mundo. El inventor contaba: «James Dewar –uno de sus principales miembros– me sentó en un silla casi a la fuerza, me dio un vaso de cristal y lo llenó a medias de un líquido dorado que despedía destellos de ámbar. Le di un sorbo. Sabía a néctar.

»—En este preciso instante –me dijo Dewar– se está usted bebiendo el whisky que bebía Michael Faraday sentado en su misma silla.

»Una experiencia inolvidable», decía el genio.

La historia humana de Faraday es aleccionadora. Hijo de un herrero de los arrabales de Londres, sin dinero ni clase, su destino sólo apuntaba a que acabaría calzando caballos en alguna fragua. Pero Michael era mucho Faraday. A los catorce años consiguió un empleo como ayudante de librero y leyó todos los libros que pudo. Descubrió que lo suyo sería la investigación, la ciencia. Decidió que iba a ser Michael Faraday, de profesión sus misterios.

Como no había asistido a la escuela, era un matemático pobre –apenas dominaba el álgebra–, pero contaba con lo principal: intuición, imaginación, creatividad y las dieciséis horas que dedicaba diariamente a aprender cuanto podía. No disponía de dinero para la universidad, así que con veinte años, se dedicó a asistir a las conferencias que se impartían en la Royal Institution y tomaba notas. A la salida, merodeaba y conoció a H. Davy, un reputado científico que supo ver en el chico un diamante en bruto y lo fichó como ayudante. De ahí a la gloria, después de pasarse la vida encerrado en su laboratorio dándole que te pego al fenómeno eléctrico.

Rechazó todos los honores y el nombramiento de caballero que la Corona británica se empeñaba en otorgarle. «Hasta el final de mi vida seguiré siendo, simplemente, Michael Faraday», decía.

Mark Twain –seudónimo de Samuel Clemens– fue un escritor satírico, genial y fotogénico. Siempre vestía de blanco, quizá para compensar la negrura del mundo. En su autobiografía escribió: «Creo que nunca somos real y genuinamente nosotros mismos de manera total y honrada hasta que nos morimos; y tampoco hasta que llevamos años y años muertos. La gente debería empezar muerta, entonces serían honrados mucho antes».

Fue un gran amigo de Tesla.

El inventor contaba que lo leyó siendo un adolescente. Estaba postrado en cama, con fiebre. El humor del novelista le hacía reírse tanto que le bajaban las décimas. Nunca se nos olvida un escritor que nos cautivó al principio.

Muchos años después, se encontraron en Nueva York. Mark Twain era una estrella. Firmaba autógrafos, llenaba teatros, daba conferencias. El primer escritor de la historia tan popular como sus personajes. Y sin embargo –o precisamente por eso–, atravesaba una crisis de autoestima. «¿Qué soy en realidad? –se preguntaba–. ¿Un pobre contador de historias? ¿Un narrador de batallitas? No tengo más que palabras. ¿Y para qué sirven? Para nada». Estaba empezando a creer que había malgastado su vida.

—Sus motores, sus máquinas, su corriente alterna –le dijo a Tesla– nos están cambiando la vida. Le admiro. Usted sí que es necesario. La física, la ingeniería, todos esos aparatos…, qué útiles. Sin embargo, la literatura… La gran mayoría no lee; y los que leen, lo olvidan.

Tesla escuchaba atento. Como hombre, le parecía muy simpático; como escritor, un mago. Aquel ser que ahora le hablaba con grandes aspavientos, pajarita y bigotes blancos, un día, hacía muchos años, le bajó la fiebre. Y no era consciente de ello. Le había curado a distancia, a miles de kilómetros, con algo tan delicado como sus palabras impresas.

—Hasta el más tonto de los hombres necesita un motor en un momento dado –seguía diciendo Mark Twain–. Pero, ¿quién necesita un libro? Claro que… sirven de adorno, aunque cogen polvo. En fin, señor Tesla, cualquiera de sus motores es mucho más necesario que una biblioteca pública.

—¿Y si le dijera –le replicó Tesla– que sus libros me hacían más efecto que las medicinas?

El escritor se quedó callado. Estaba delante del hombre que le permitía escribir de noche gracias a su sol eléctrico. Abrió mucho los ojos.

—En Croacia, mi país –dijo Tesla–, yo era un chiquillo. Me puse enfermo. Empecé a leerle en la cama. Y sus libros me curaban, señor Clemens.

Mark Twain arrugó el ceño. Le habían llamado de todo, pero nunca curandero. Como broma era bonita, pero, en aquel momento, ni él ni su baja autoestima estaban de humor para creérselo.

—Me moría de risa leyéndole. Me sentía más vivo que nunca. Se me pasaba el dolor, se me olvidaba. Mi madre entraba en mi cuarto para tomarme la fiebre y siempre decía lo mismo: «Ya no tienes calentura».

Así que la broma iba en serio. Mark Twain era un tipo listo. Enseguida se dio cuenta de la candidez de Tesla. Aquel hombre no mentía; ni siquiera estaba exagerando.

—Señor Clemens, ¿qué le pasa?

El escritor estaba llorando. Le emocionó saber que sus libros habían curado a un chiquillo. No, no había perdido su vida. Las palabras servían para algo.

Twain era un sentimental aunque pareciera un escéptico. Contemplaba la realidad desde un ángulo socarrón y amargo que endulzaba con un humor fino. «Éste es un mundo –escribió– en el que nada se consigue gratis, donde pagas por todo su precio más el 50 por 100, y cuando lo que debes es gratitud, tienes que pagar mil. De hecho, la gratitud es una deuda que se va acumulando, como el chantaje: cuanto más pagas, más se te exige. Con el tiempo te acabas dando cuenta de que la amabilidad ejercida sobre ti se convierte en una maldición y entonces es cuando deseas que no hubiera sucedido nunca». Le costaba creer en la bondad de los hombres. De toda la humanidad con la que Twain se fue tropezando, Tesla era una excepción. Podemos imaginar alguna conversación de las muchas que sostuvieron en el Player's Club o en el hotel de Tesla. Su admiración era mutua.

—Nikola, eres un genio –le diría Twain– eso es indudable, pero un genio muy tonto, tienes que reconocerlo. Te falta picardía. Eres tan brillante que no la necesitas, y hay mucho mediocre por ahí, con mucha astucia, que se aprovecha. Mira el listo de Marconi. Te robó la radio.

—Sí, utilizó diecisiete patentes mías para hacer su radio.

—Qué chorizo. Él robándote tu invento y tú en tu laboratorio, jugando con tus lucecitas. También te robó el Nobel. Tenían que habértelo dado a ti. La radio es un invento tuyo.

—Lo que me dolió no fue el Nobel, sino lo que me hizo Morgan: dejó de financiarme mi proyecto... Ay, mi torre Wardenclyffe. Y fue culpa de Marconi. Morgan debió de pensar que si otro había logrado una de mis propuestas antes de que yo lo hiciera, yo no era tan listo.

—¿Lo ves? ¿Ves como eres un ingenuo? J. P. Morgan no te cortó el grifo porque Marconi se te adelantara, no. Morgan dejó de pagarte porque lo que le propusiste era una locura: la energía libre, universal, sin cables para todo el planeta. ¡Sin contadores! No hacía falta nada para recibirla, cualquiera podía tenerla. ¿De verdad, pero de verdad, crees que la idea le hacía gracia al banquero de Morgan?

—Pero es que la energía es un derecho natural, Samuel, como el sol o el oxígeno. La energía es de la Tierra, nos la cede gustosa.

—¿Y pretendías que un banquero os ayudara a ti y a la Tierra a regalárnosla?

—Era su deber, Samuel. Él ponía el dinero, yo ponía el trabajo y la Tierra ponía el resto: su energía para que todos los hombres, todos, dispusiéramos de ella libremente.

—Energía gratuita por cortesía de un banquero, qué ocurrencia. Desengáñate, Nikola. Si J. P. Morgan pudiera, nos cobraría por cada amanecer y por cada bocanada de aire.

❑ ❐ ❑

A Mark Twain le encantaba pasarse por el laboratorio. Era una aventura llena de imprevistos. Todas esas luces que se disparaban por el aire y el techo, *flashes* estallando como rayos y neones brillando intermitentemente.

Una tarde, Twain se empeñó en probar uno de sus aparatos. Era un enorme oscilador consistente en una plataforma forrada de caucho. Tenía corcho como aislante. Vibraba. Tesla había observado, en él y sus ayudantes, que sus efectos podían ser terapéuticos. Subías a la plataforma, empezabas a vibrar y sentías una sensación de dicha. Disparaba las endorfinas. Provocaba carcajadas. El laboratorio de Tesla era algo parecido a un parque de atracciones.

—Quiero subirme ahí –le dijo Twain.

—De acuerdo.

El escritor se montó en el invento. Tesla dio al interruptor y aquello empezó a vibrar. Twain empezó a dar botes y a reírse como un loco. Era sensacional.

—¡Está vivo! –gritaba–. ¡Joder con este cacharro! ¡Es lo más divertido que me ha pasado en años!

Todo se le agitaba: huesos, músculos, vísceras y el bigote. Se le saltaban las lágrimas. Se retorcía de risa. Aquello era algo diferente a todo lo que había probado. Se sentía como un chiquillo, desinhibido, libre, viviendo una travesura. Tesla desconectó el aparato.

—Pero ¿qué haces? ¡Vuelve a ponerlo otra vez! No quiero bajarme de aquí en toda la tarde.

—Será mejor que lo dejes. Hazme caso. Ya has tenido bastante.

Ante las protestas de Twain, Tesla volvió a conectarlo. El escritor siguió disfrutando hasta que, de repente, dijo:

—¡Páralo! ¡Por Dios, para esto!

Twain bajó del oscilador apretándose la tripa para salir disparado hacia el váter. Las vibraciones del aparato acababan de provocarle una colitis súbita.

—Te lo advertí –dijo Tesla–. Es bueno para la mente, pero si abusas, tiene efectos secundarios. Lamento que no sea perfecto.

Admitámoslo: Tesla era raro. Le encantaba la soledad. Prefería su propia compañía a la de los hombres. Agradecía más un relámpago que una visita. Los empleados del hotel Governor Clinton contaban que cuando alguien llamaba a su puerta y no quería abrir, se encerraba en el cuarto de baño y abría los grifos para que sonara el agua. Disfrutaba en su laboratorio y en la naturaleza, pero no se divertía demasiado en las fiestas. Le aburría la gente, con sus conversaciones sobre economía o política y sus vulgares chácharas sobre otros asuntos. Aunque en sus buenos tiempos la alta sociedad de Nueva York se lo rifaba, en el fondo, le miraban como quien contempla un fenómeno. No era un hombre corriente. Para los esnobs sería un honor tenerlo en su círculo, pero ¿cómo tenían que tratarlo?, ¿de qué habían de hablar con un genio? Nunca llegaron a entenderle. Lo admiraban a distancia.

Aunque en su época dorada Tesla aceptaba invitaciones, en el fondo no soportaba las fiestas, las apariencias, ese runrún de los salones. En sociedad se mostraba educado, cortés y galante, pero no daba la mano. Estaba obsesionado con los gérmenes. Si alguien, alguna vez, lo tocaba, corría a lavarse, se restregaba las uñas con desinfectante. En su laboratorio nadie podía tocar sus toallas. Había que cambiarlas cada vez que las usaba. Disponía de un cuarto de baño personal con el cartel de prohibido el paso. Le repugnaban las moscas. Si se colaba alguna en sus instalaciones, Tesla salía disparado hacia la calle, después de ordenar que desinfectaran la estancia. Y, sin embargo, vivía rodeado de palomas. Le parecían más inofensivas que los seres humanos.

Mientras se lo pudo permitir, Nikola Tesla vistió como un dandi. Presumía de ser el hombre más elegante de la

Quinta Avenida. Llevaba levitas príncipe Alberto y camisas blancas de seda, bien planchadas. Solía lucir un bombín negro —su único modelo de sombrero— y un bastón de una buena madera y el puño de marfil. El bastón, en aquellos tiempos, era símbolo de ricos, no de viejos y cojos. Cada semana se compraba una corbata y unos guantes de seda. Los desechaba a los pocos días, aunque estuvieran nuevos. Jamás repitió pañuelo, ni de cuello ni de bolsillo. Una vez que los usaba, los tiraba a la basura. No actuaba así por derroche, sino por su compulsiva aversión a los microbios. «Para obligarme a tocar el pelo de alguien —decía— me tendrían que apuntar con un revólver y, sinceramente, creo que no haría una cosa así ni bajo amenaza de muerte». Los zapatos, siempre de piel y a medida.

Cuando almorzaba en el Palm Room, exigía que su mesa no se hubiese usado en todo el día. Le ponían dos docenas de servilletas de lino blancas e impolutas. Él las cogía, una por una, y limpiaba, lentamente, cada cuchara, tenedor, cuchillo, plato, vaso, copa, salero, aceitera, etc. La ceremonia podía durar media hora. Luego tiraba las servilletas al suelo. Era la señal que esperaban los camareros para servirle la comida.

Antes de probar la sopa, tenía que calcular mentalmente el volumen cúbico que contenía el plato. Lo mismo hacía con el vino, el café, los licores y el agua. Para los platos de tenedor, contaba las piezas de los alimentos. Tenían que ser múltiplos de tres. De lo contrario, no comía.

Esta obsesión por el número tres, sus divisibles y sus múltiplos, le venía desde la infancia. «Todas las acciones y operaciones repetidas que ejecutaba –escribió– tenían que ser divisibles entre tres, y si me equivocaba volvía a hacerlas todas otra vez, desde el principio, aunque me llevase horas». Murió en una habitación de hotel con el número 3327. El hecho no es fortuito. «Si comprendiéramos la magnificencia de los números tres, seis y nueve, tendríamos en nuestra mano la llave del universo», dijo.

Contaba los pasos que daba y los escalones que subía. Cuando tiraba trozos de papel en un recipiente con líquido, sentía en la lengua un sabor como de cobre, asqueroso. Detestaba el alcanfor. Era capaz de olerlo a larga distancia; le ponía enfermo. Los melocotones le mareaban. No es que no pudiera tocarlos; es que no podía ni verlos. Y le horrorizaban los pendientes y las perlas. Si se tropezaba con una mujer que los llevaba, se daba media vuelta y se alejaba deprisa.

Podía quedarse mirando los cristales durante horas. Le fascinaban. «Un cristal –escribió– es la prueba de que existe un principio de formación de la vida. No podemos entender la vida de un cristal, pero no por eso es un ser menos vivo». Según Tesla, el cristal podría ser un ser organizado. Viviría sin nutrirse. Obtendría la energía necesaria para sus funciones vitales del medioambiente. «No podemos negar la existencia de seres organizados simplemente porque sus condiciones no sean las adecuadas para la vida tal como la concebimos los humanos –dijo–. Además de los cristales que vemos, podrían existir otros sistemas de seres organizados e individuales, tal vez de constitución gaseosa, o de sustancias más etéreas, que están aquí, entre nosotros, pero que no podemos percibir».

Se reía de las supersticiones, pero las seguía a la inversa. En una carta escribió: «Para desafiar la superchería, me gusta escribir y enviar las comunicaciones más importantes los días 13 de cada mes. Si caen en viernes, perfecto». Podemos imaginar que se alegraba cada vez que se le cruzaba un gato negro, que le gustaba brindar con agua y pasar, siempre que podía, debajo de una escalera.

No le gustaban los gordos. Él siempre se mantuvo en el mismo peso, pese al paso de los años. «Deberíamos considerar nuestro cuerpo —escribió— como un regalo inestimable de alguien que nos ama sobre todas las cosas, como una maravillosa obra de arte de indescriptible belleza y de una perfección y maestría inalcanzables para la concepción humana y como algo tan delicado y vulnerable que una sola palabra, un aliento, una mirada, incluso un pensamiento pueden herirlo».

Sabía cuidarse. Dedicaba a su aseo diario una atención escrupulosa. «La falta de higiene —escribió— que desemboca en la enfermedad y la muerte no es sólo un hábito autodestructivo, sino también profundamente inmoral». Para Tesla, su cuerpo era un templo. Alojaba su mente y su alma, conectadas entre sí por vericuetos insondables. «Al mantener nuestros cuerpos libres de infecciones, saludables y puros, le rendimos reverencia al gran principio que los ha creado. Quien sigue los preceptos de la higiene demuestra que es verdaderamente espiritual».

En sus buenos tiempos, había gente que acudía al restaurante Palm Room o al Delmolico's sólo para poder verlo a distancia. Tesla era la estrella de Manhattan. Los periódicos decían de él que era una especie de mago, un superhombre de buenos modales, con acento y bigote. Los curiosos lo observaban admirados. Y se sorprendían al oírle. Su voz era un tanto aflautada, como de pito, único rasgo que desentonaba con su presencia espigada y glamurosa.

Antes de dormir, tenía la costumbre de estirarse y crujirse, uno por uno, los dedos de los pies. Sus pulgares eran enormes, al igual que los de las manos. Hasta que no terminaba este rito diario, no se acostaba. Afirmaba que era un sano ejercicio que mantenía su cerebro activo y despejado.

Sí, Tesla era un tipo raro. Qué podría esperarse de uno de los hombres más brillantes y necesarios de toda la historia humana. Probablemente pensara que ésta no era su casa. Aunque amaba el planeta Tierra y lo entendió como nadie, debió de sentirse demasiado solo entre los humanos, esa especie de depredadores en donde los peores parecen buenos y casi siempre ganan. Un mundo, en definitiva, inhóspito y hasta cruel para un ser tan inocente, preocupado solamente por la energía, su vibración y su frecuencia.

Sala del hotel New Yorker. Doce de la mañana. Tesla acaba de cumplir setenta y cuatro años. Imaginémoslo rodeado de periodistas.

—Señor Tesla, ¿es cierto que escribe versos?

—Sí, desde adolescente.

—¿Y por qué no los publica?

—Son demasiado íntimos y no demasiado buenos. Tengo mucho más talento para la invención que para la poesía.

—Un ingeniero poeta, debe de ser usted una excepción en su gremio.

—No es tan raro. La poesía y la ingeniería se complementan. La poesía se hace preguntas, la física las responde o trata de responderlas y la ingeniería las demuestra: en eso consiste el progreso. ¿Qué es la electricidad? Un misterio. ¿Qué es el magnetismo? Otro misterio. ¿Hay algo más poético que los misterios? Trabajar para desentrañarlos es, en sí mismo, un acto poético.

—¿Cree usted en Dios?

—Nunca he sido religioso en el sentido ortodoxo de la palabra. No sigo los preceptos de ninguna religión establecida, aunque me parecen necesarias. Pero a mi manera y en mi corazón, soy un hombre profundamente espiritual. Todavía no hemos desentrañado los misterios de la vida. Nos queda un largo trabajo. Para mí es un gozo constante pensar que, pese a las evidencias de los sentidos y las conclusiones de la ciencia, puede que la muerte en sí no sea el final de esta maravillosa metamorfosis que presenciamos. La religión y la ciencia no son antagónicas, aunque la ciencia se oponga a los dogmas porque se fundamenta en los hechos. Yo recomiendo la religión, primero porque todo individuo debe tener un ideal –si no es religioso, puede ser artístico, científico o humanitario– para darle sentido a su vida; y segundo, porque las grandes religiones contienen sabias normas de vida.

—¿Se considera un hombre feliz?

—Sí. No podría tener una vida más dichosa de la que tengo. Siempre me las he ingeniado para mantener una paz mental indestructible, para soportar la adversidad y para encontrar alegría y felicidad hasta el punto de sacarle algo bueno a lo malo de la vida. Siempre he llevado una existencia ordenada, dedicada plenamente al pensamiento, la concentración y la meditación profunda, por lo que he llegado a concebir una enorme cantidad de ideas. La cuestión es si me alcanzarán las fuerzas para seguir trabajando en ellas y así poder dárselas al mundo.

—¿Cuándo piensa jubilarse?

—Nunca. Amo mi trabajo sobre todas las cosas, así que seguiré trabajando hasta el día que me muera. No he tenido un solo día de vacaciones en toda mi vida. Cuantos más años cumplo, mejor me siento. Estoy en mi mejor momento. Me siento fuerte, con energía, en plena posesión de todas mis facultades. De joven, no tenía la energía que tengo hoy. Con los años, he ido aprendiendo a conservarla, y ahora mismo, para resolver cualquier problema, me encuentro con que la experiencia y el conocimiento ganado con los años me facilitan el trabajo. Contrariamente a lo que se cree, el trabajo, para la gente mayor, resulta más fácil, siempre que conserven la salud, claro. Con los años y la práctica, conocemos los atajos, ya hemos aprendido cómo llegar antes por el camino más corto.

—Sus detractores le acusan de que piensa usted más como un filósofo que como un científico.

—El día que la ciencia comience a estudiar los fenómenos no físicos alcanzará más progresos en una sola década que en todos los siglos precedentes. La ciencia no serviría de nada si no fuera dirigida a mejorar el pensamiento. El principio siempre es la idea. Después se materializa y cobra forma. Las ideas no tendrían sentido si no fueran para ayudar a la humanidad en su progreso. Y la mente, que es la fuente de todo, siempre me ha parecido un misterio fascinante, tal vez el mayor que existe. Pero mis detractores no sólo me acusan de poco práctico, también dicen que soy un fracasado. Y, sin embargo, hay otros que me llaman visionario. Tal es la miopía del mundo.

—Dicen que ha llegado a ganar más de dos millones de dólares y, sin embargo, vive sin ostentación, humildemente. ¿Dónde ha ido a parar el dinero que ha ganado?

—Lo he invertido todo en mis experimentos. El dinero no es más que combustible. Pone a funcionar la maquinaria. Es útil, sí, pero no debería considerarse un fin en sí mismo. Siempre he preferido mi trabajo a las recompensas mundanas.

—¿Recuerda el día que llegó a América?

—Con la misma nitidez con que recuerdo el día de ayer. No puedo describir cómo me impresionó. Seguro que conocen esa historia de las *Mil y una noches* en la que un genio transporta a la gente hacia regiones maravillosas para sorprenderla con toda clase de aventuras. En mi caso fue al revés. El genio me transportó de un mundo de sueños a un mundo de realidad. Hasta entonces, mi mundo era hermoso, etéreo, lleno de imaginación. El que me encontré aquí era un mundo de máquinas. El contacto fue duro, áspero, brutal, pero me gustó. Me gustó muchísimo. Desde el mismo momento en que pisé Castle Garden me di cuenta de que yo ya era un ciudadano americano sin saberlo mucho antes de desembarcar.

—Desde que llegó a Estados Unidos, siempre ha vivido en hoteles.

—Sí, es cierto. Salvo cuando vivía con mis padres, nunca he tenido una casa propia. En realidad, no la necesito. Mi verdadera casa es mi laboratorio.

—¿Cuándo piensa casarse, señor Tesla?

—Nunca. La invención es incompatible con el matrimonio. Dígame, al menos, tres grandes inventores casados y felices en sus matrimonios. Seguro que no los encuentra.

—¿Se ha enamorado alguna vez?

—Sí, todo el tiempo, de mi profesión y la naturaleza. Si fuera pintor, escritor o músico, sería muy posible que una mujer me inspirara mejorando mi trabajo. Pero yo soy inventor. Una mujer en mi vida me dislocaría hasta el punto de olvidarme de todo. Los inventores somos muy apasionados. Esa pasión hay que concentrarla en un objetivo único. No hay nada más subyugante en el mundo que comprobar que un aparato, una creación tuya, funciona. Tu idea hecha forma. No hay ninguna otra emoción que pueda superarlo. Se te olvida comer, dormir, la familia, los amigos, todo. No, no hay nada comparable.

—Los empleados del hotel Clinton cuentan que tenía usted cuatro palomas como mascotas y que, por su culpa, tuvieron que invitarle a irse. Y los de St. Regis dicen que intentó usted deshacerse de ellas, pero que no hubo manera.

—Sí. Las metí en una cesta y se las di a mi ayudante para que se las llevara fuera de Nueva York. Volvieron al día siguiente, ¿qué le parece? Entraron por la ventana y volvieron a instalarse. Imposible despistarlas y ¿a que no sabe por qué?

—No, francamente.

—Porque tienen en el pico magnetita, un imán que detecta el campo magnético terrestre. Por eso no se pierden. ¿Ve usted cómo opera la naturaleza? Ella es la maestra. Ella es quien me ha enseñado todo lo que invento. O tal vez debería decir que yo no he inventado nada; sólo lo he descubierto.

—Se rumorea que, en ocasiones, padece usted crisis nerviosas por exceso de trabajo. ¿Se encuentra bien de salud?

—Hace poco, de camino hacia mi hotel, perdí el equilibrio y resbalé. Vi una luz en mi cerebro. Los nervios me respondieron, contraje los músculos, di una voltereta en el aire y aterricé sobre mis pies. Seguí caminando como si nada. Un hombre que lo había visto me abordó y me dijo: «He visto hacer eso a los gatos, pero nunca se lo había visto a un hombre. ¿Practica usted artes marciales?». «Por supuesto que no», contesté. No me hacen falta para mantenerme elástico. Hace poco fui al oculista. Se quedó atónito al comprobar que veía las letras más pequeñas tanto de lejos como de cerca. Tengo la vista de un niño. Y mis amigos comentan que los trajes me sientan como un guante sin saber que llevo usando las mismas medidas desde hace treinta y cinco años. En todo ese tiempo no he variado de peso ni un gramo. ¿He contestado a su pregunta?

—Sí.

—Tengo una salud fabulosa. Y voy a seguir teniéndola. Algunos de mis ancestros llegaron a centenarios. Procedo de una raza muy fuerte y longeva. Estoy decidido a seguir su ejemplo.

—¿Qué hace para conseguirlo?

—Camino todos los días de doce a quince kilómetros, nunca cojo taxis ni transportes públicos, sino que uso el poder de mis piernas. También me ejercito en el agua, esto es muy importante. Cada día tomo un baño caliente seguido de una prolongada ducha fría. Y sólo como dos veces al día. Comemos demasiado, ése es el problema. Ingerimos alimentos y bebidas tóxicos. El mayor daño se debe a la sobrealimentación y la falta de ejercicio, que obligan al cuerpo a acumular toxinas y le impiden eliminar el veneno.

—¿Es cierto que es vegetariano?

—Totalmente. Hace mucho que dejé de comer carne. El vegetarianismo es la alternativa saludable al hábito bárbaro y cruel de comer animales. Que podamos subsistir a base de vegetales y trabajar mucho mejor no es ningún disparate, está demostrado. Las razas que se alimentan sólo de verduras tienen una fuerza, un vigor y una mente superiores. Y mejores dentaduras. Deberíamos detener la matanza despiadada y gratuita de animales. Si cambiáramos nuestros hábitos alimentarios, dejaríamos de tener todos esos instintos primarios y agresivos, que tanto nos limitan.

—¿Qué come?

—Bebo, sobre todo, mucha leche y agua. Mi dieta se compone de vegetales frescos. Las patatas son un alimento espléndido. Deberíamos comerlas una vez al día. Contienen sales minerales muy ricas y son neutralizantes. No pruebo los alimentos ácidos. A mis años, la acidez es el mayor enemigo. Ni tampoco como pescado, contiene demasiado fósforo.

—Sus ayudantes afirman que apenas duerme. ¿Padece problemas de insomnio?

—Duermo justo lo que necesito: una hora o dos, más o menos. No me preocupa. De vez en cuando, llego a dormir de un tirón cuatro o cinco horas y me despierto con una fuerza enorme, nada me detiene. El sueño es un cargador que revitaliza, pero yo siempre lo he necesitado muy poco.

—Dicen que nunca va al médico y que cuando enferma, se cura usted a sí mismo con los aparatos de su laboratorio.

—Así es. Tengo mi propia terapia y me la aplico cuando me siento mal o en horas bajas. La electricidad es una gran sanadora, tal vez la mejor. Cuando el cuerpo está agotado y con las defensas bajas, proporciona energía y fuerza vital y, además, despeja el cerebro. Sé cómo administrármela. Me resulta más eficaz que la química.

—¿Cuál ha sido el día más triste de su vida?

—La noche que ardió mi laboratorio. Lo perdí todo. Todo. Y no me refiero sólo a las máquinas ni a los aparatos, sino al tiempo, algo tan valioso que resulta imponderable. No pude recuperarlo. Tuve que empezar de nuevo. Si no hubiera sido por el tratamiento eléctrico que me apliqué yo mismo, creo que no habría podido salir del pozo en el que me hundió ver toda mi obra reducida cenizas.

—¿Y el día más feliz?

—El día que descubrí cómo operaba el campo magnético rotativo. Fue tanta la alegría que no puedo describirla. Las ideas se agolpaban en mi cabeza y yo sentía que flotaba. Era puro espíritu, me sentía en la gloria. Una emoción inefable. Después ha habido muchos días buenos, pero ninguno comparable. Si hago balance, he tenido más días felices que desgraciados.

—Señor Tesla, hay videntes, espiritistas y especialistas en fenómenos paranormales que afirman, muy convencidos, que usted no es ni medio normal y que, en realidad, es un extraterrestre procedente del planeta Venus. ¿Es usted humano?

—Por favor, no me haga reír. Que si soy humano, dice. ¿A usted qué le parece? ¿Tengo yo pinta de extraterrestre? Soy, exactamente igual que usted: un robot de carne y hueso impulsado por impulsos externos. Mire, el universo es, simplemente, una inmensa maquinaria sin principio ni fin. El ser humano no es una excepción sino una máquina, igual que el cosmos. No hay nada que entre en nuestras mentes o determine nuestras acciones que no sea directa o indirectamente una respuesta a los estímulos que asaltan nuestros órganos sensoriales desde el exterior. Debido a la similitud entre nuestra construcción y la uniformidad de nuestro entorno, respondemos de manera parecida a estímulos idénticos, y de la concordancia de nuestras reacciones extraemos lo que llamamos entendimiento. Pensamos que el albedrío existe y, sin embargo, no es más que una reacción. En cuanto a todos esos espiritistas, videntes y pitonisos no son más que charlatanes. Engañan a la gente. No, no me gustan.

—¿Es verdad que ha llegado a comunicarse con los extraterrestres?

—Cierto. He recibido señales inteligentes. No se me ocurre nada que pueda ser más importante que la comunicación interplanetaria. Sé que sucederá algún día y no falta mucho. Estoy convencido de que el descubrimiento de que existen otros seres humanos en el universo que trabajan, se afanan, luchan, sufren y padecen como nosotros producirá en la humanidad un efecto mágico. Juntos formaremos una hermandad universal que durará tanto como la humanidad misma.

—Su predicción ¿no es demasiado optimista? ¿Qué ocurriría si esos seres no fueran tan amigables y tuvieran la intención de conquistarnos para someternos?

—No lo creo. Las señales que he recibido son pacíficas. Pero en el caso de una invasión extraterrestre enemiga, siempre podríamos utilizar mi aparato para la defensa. Si se adopta, revolucionará las relaciones entre las naciones. Hará que cualquier país, grande o pequeño, sea inexpugnable contra ejércitos, aviones y otros medios de ataque. Mi invención requiere una planta grande, pero una vez que esté establecida, será posible destruir cualquier cosa, hombres o máquinas, acercándose en un radio de doscientas millas. Proporcionará, por así decirlo, un muro de poder que ofrecerá un obstáculo insuperable contra cualquier agresión efectiva, aunque provenga de extraterrestres.

—¿Se refiere a su rayo de la muerte?

—No. Los rayos no son aplicables porque no se pueden producir en cantidades requeridas y disminuyen rápidamente en intensidad con la distancia. Toda la energía de la ciudad de Nueva York transformada en rayos y proyectada a veinte millas no podría matar a un solo ser humano, porque, según una conocida ley de la física, se dispersaría hasta el punto de resultar ineficaz. Este nuevo invento mío proyecta partículas que pueden ser relativamente grandes o de dimensiones microscópicas, lo que nos permite transportar a un área pequeña y a una gran distancia trillones de veces más energía de la que es posible con rayos de cualquier tipo. Muchos miles de caballos de fuerza pueden ser transmitidos por una corriente más delgada que un cabello. Esta maravilla hará posible, entre otras cosas, lograr resultados inimaginables en la televisión, ya que casi no habrá límite para la intensidad de la iluminación, el tamaño de la imagen o la distancia de proyección. No digo que no vaya a haber guerras destructivas antes de que el mundo acepte mi regalo. Puede que no viva para verlo, pero estoy convencido de que dentro de un siglo las naciones se volverán inmunes gracias a mi dispositivo o algún otro basado en el mismo principio.

—¿Cómo será el futuro, señor Tesla?

—En el año 2100 la eugenesia se habrá establecido en todo el planeta. La higiene y el cuidado del cuerpo serán especialidades reconocidas por la educación y el gobierno. La Secretaría para la Higiene o la Cultura Física será mucho más importante que la Secretaría para la Defensa. Reportará más gloria luchar contra la ignorancia que ganar guerras. La contaminación de las playas resultará algo impensable. Se vigilará el suministro de agua con sumo cuidado. Nadie beberá agua no potable. Los alimentos más naturales y baratos, como la leche o la miel, serán la base de los banquetes inteligentes del siglo XXI. Los estimulantes como el café, té o tabaco no desaparecerán por abolición, sino porque pasarán de moda. Estará muy mal visto envenenar nuestro cuerpo con tóxicos. Habrá suficientes productos de trigo y sus derivados para alimentar al mundo entero, incluidos los muchos millones que ahora mueren de hambre. La reforestación sistemática y la gestión científica de los recursos naturales pondrán fin a las sequías devastadoras, los incendios forestales y las inundaciones. Los depósitos de calor interno de la Tierra, que conocemos por las erupciones volcánicas, se aprovecharán para fines industriales. El uso en todo el planeta de la energía hidráulica y su trasmisión a larga distancia dará a cada hogar energía barata y se prescindirá de la necesidad de quemar combustible. Mi sistema de transmisión de electricidad sin cables será el mayor beneficio que disfrutará la especie en toda su historia, ya que eliminará las distancias. Resolverá los problemas de luz, calor y mecánica doméstica. Es más que probable que los periódicos se acaben imprimiendo en cada hogar sin cables y durante la noche, mientras todos duermen. En el siglo XXI, el robot ocupará el lugar del esclavo en la civilización antigua. Los hombres no tendrán que trabajar con sus manos; lo harán los autómatas. Y el paso siguiente serán las máquinas pensantes.

»Si conseguimos menguar nuestra lucha por la existencia, habrá un desarrollo de los ideales humanos sin precedentes. Y esto es todo, amigos. El presente, señores, de momento es suyo, pero el futuro..., el futuro es mío. Me pertenece.

Fin de la rueda de prensa. Aunque se trata de una escena ficticia, recoge fielmente las declaraciones que Tesla fue concediendo durante su última década. Todas las respuestas son genuinas.

❏ ❐ ❑

Pocos meses antes de cumplir setenta años, Tesla le concedió a John B. Kennedy, un reportero de la revista *Colliers,* una entrevista con declaraciones revolucionarias. En ella pronosticaba, sin que le temblaran las pestañas, que, en el futuro, la reproducción de la especie humana prescindiría del coito.

—La lucha de la mujer por la igualdad de sexos terminará en un nuevo orden sexual, con el triunfo de la mujer como ser superior –dijo–. La mujer moderna, que ya da tímidas muestras de ir avanzando, no es más que un síntoma superficial de algo mucho más profundo y potente que se está fermentando en el seno de la especie. A medida que se vayan sucediendo las generaciones, las capacidades femeninas se irán ampliando; la mujer recibirá la misma educación que el hombre y luego lo superará. Las facultades de su cerebro, adormecidas durante tantos siglos, se despertarán, se estimularán y acabarán realizando trabajos de mayor envergadura debido, precisamente, a haber estado tanto tiempo inactivas. La mujer ignorará su condición en el pasado. Acabará asustando a la civilización con su progreso.

Ante el asombro del periodista que tomaba notas, continuó:

—La adquisición por parte de la mujer de nuevos campos de trabajo e investigación y su gradual ocupación de liderazgo enfriarán la sensibilidad femenina y acabarán estrangulando su instinto materno, de tal forma que el matrimonio y la maternidad puedan parecerle aborrecibles. Entonces la civilización humana se acercará cada vez más a la perfecta civilización de las abejas.

Epatado por las conclusiones del genio, el periodista tituló la entrevista: «Cuando el jefe es mujer».

La ciencia ya es capaz de producir embriones humanos con óvulos y espermatozoides previamente congelados en la asepsia de un laboratorio. Probetas, jeringuillas, microscopios, cámaras frigoríficas que conservan la chispa de la vida, ordenada y clasificada, con sus etiquetas, en impolutos anaqueles. Un remedo, algo más burdo, de las celdillas, perfectas y hexagonales, en los panales de las abejas. El humano, esa criatura, metiendo el dedo en el prana. Nikola Tesla no iba descaminado.

❏ ❐ ❏

Cuando B. A. Behrend preguntó en la recepción del hotel St. Regis por Nikola Tesla, lo hizo muy convencido de que le iba a dar una alegría. Fue a comienzos de 1917. El genio tenía sesenta años.

Behrend era el presidente del Comité para la Medalla de Edison, una distinción muy prestigiosa. Creada hacía tiempo por admiradores de Edison, era concedida por el Instituto Americano de Ingenieros Eléctricos. Behrend reverenciaba a Tesla. Gracias a sus gestiones, ese año habían decidido otorgársela al genio. Así que mientras subía en el ascensor y llamaba a su puerta, iba pensando en la emoción con que Tesla encajaría la noticia. Todo un honor, la medalla. Sí, se conmovería.

Al entrar, lo primero que vio fue un escritorio con ruedas lleno de cestas con palomas. Una de ellas se le posó a Tesla en la cabeza. El inventor dio un silbido y por la ventana, completamente abierta, entraron otras dos palomas y se posaron en el escritorio.

La visita apenas duró media hora. Mientras Behrend hablaba, el genio no le miraba. Permanecía sólo atento al zureo de los pájaros.

—¿Qué le parece, señor Tesla? –preguntó Behrend al final de su exposición.

Aterido de frío –el invierno de Nueva York se colaba en la habitación y en sus huesos– había elogiado la figura del genio, su contribución tan vasta a la ingeniería eléctrica y resaltado, con entusiasmo, el honor que sería para el instituto contar con Tesla entre sus galardonados.

—¿Qué quiere que le diga? –dijo Tesla–. Le agradezco su buena intención, señor Behrend pero lo mejor es que vuelva a su comité y, entre todos, se busquen a otro. La Medalla de Edison, lo que me faltaba.

Behrend se quedó perplejo. De sobra sabía que el inventor vivía en la bancarrota. De todas las respuestas que esperaba, ésa era la única que no se le había ocurrido. Pero no iba a rendirse. No, el presidente del comité no estaba dispuesto a confesar a sus colegas su fracaso. Volvió a visitar a Tesla unos días más tarde.

En la habitación del genio seguía haciendo frío. Como Behrend no disponía de plumas, no se quitó el abrigo.

—Señor Behrend, desde que anuncié al instituto mi campo magnético rotativo y mi corriente alterna, han pasado casi treinta años. ¿Cree que necesito sus honores? Búsquense a otro que de verdad los necesite. Seguro que lo encuentran.

Esta vez, Behrend bajó en ascensor y salió a la calle pensando que Tesla estaba en lo cierto. Tres cuartas partes de los miembros que componían el Instituto Americano de Ingenieros Eléctricos trabajaban y vivían gracias a sus descubrimientos. Y, sin embargo, habían sido muchos los agraciados con la medalla antes que Tesla. Una vergüenza. Y una realidad injusta, que consentía que el genio apenas contara ya con dinero para seguir investigando. B. A. Behrend era un buen hombre. Sabía que Tesla necesitaba el empujón de la medalla. En vez de claudicar, decidió volver a intentarlo la semana siguiente.

—Mi querido Behrend, no me estás ofreciendo más que una medalla para que me la cuelgue en la solapa y el honor absurdo de pavonearme durante una hora y media, o lo que dure ese acto, ante los miembros e invitados de tu instituto. Podría parecer que me estáis honrando, pero la verdad es otra: me decoráis el abrigo mientras no hacéis nada por impedir que me muera de hambre. Y todo por no reconocer mis logros, mi mente y sus creaciones, que son la base de la mayor parte de tu instituto.

Behrend asentía ante sus palabras. Tesla llevaba más razón que un santo. Las palomas seguían a lo suyo, empollando sus huevos y picoteando las bolitas de pienso que encontraban por el suelo.

Salió avergonzado del hotel Sr. Regis, pero dispuesto a reparar la afrenta. Volvió a la semana siguiente.

—En toda esa pantomima, no estaréis honrando a Tesla, sino a Edison, que es quien verdaderamente se lleva la gloria. Y sin merecerlo –dijo el genio.

Así que era eso. Además de protestar por la demora en la entrega, lo que a Tesla le escocía era que la medalla se llamara como su enemigo. «La medalla de Edison», pronunciaba el genio con un deje burlesco para rematar con un «puaff», esta vez con asco. Behrend comprendía su dolor frente a tanta injusticia.

—¿Cuántas medallitas lleva compartidas Edison? –preguntó Tesla–. Sí, ¿cuántas medallitas habéis dado?

—Siete –respondió Behrend.

En realidad, deberían haber sido ocho medallas hasta aquella fecha, pero en 1915, el premio se había declarado desierto. Tesla malviviendo después de haber impulsado el mundo con su motor eléctrico y aquel año no encontraron ningún candidato digno. De sobra sabía Behrend que Tesla llevaba muy bien la cuenta. Se reprochó a sí mismo no haberse dado cuenta mucho tiempo antes. Pero no iba a resignarse. Volvió, durante dos meses, a insistirle. No cejó en su empeño hasta que el genio, por fin, dijo:

—Vale, acepto.

El 18 de mayo de 1917, todo estaba preparado para entregar la medalla, el máximo galardón otorgado a un ingeniero eléctrico. Tesla había preparado su discurso. Lo llevaba, escrito a mano, en un bolsillo. Entre otras muchas cosas, decía que si la condición para recibir la medalla era hacerlo en vida, él la merecía más que nadie. «En mi juventud –iba a leer ante el público– por inconsciencia e ignorancia me vi inmerso en innumerables dificultades, trampas y peligros, de los que me libré como por encantamiento. Estuve a punto de ahogarme una docena de veces. Fui enterrado, abandonado y congelado. Me salvé por los pelos de perros, cerdos rabiosos y otros animales salvajes. He sufrido enfermedades mortales; los médicos me han desahuciado tres o cuatro veces. Me he encontrado con toda clase de extraños accidentes. No puedo pensar en nada que no me haya pasado sin darme cuenta de que el hecho de que esté aquí esta noche, sano y salvo, joven de cuerpo y mente, con todos estos años tan fructíferos a mi espalda, es un poco un milagro».

El primer acto oficial consistía en una cena privada para el comité y el galardonado en el Club de Ingenieros. Tesla estaba incómodo. Al acabar, los asistentes se dirigieron hacia el edificio de la Sociedad de Ingeniería, muy cercano, en donde se celebraría el evento. Estaba abarrotado. La entrada, las escaleras, los ascensores, el anfiteatro bullían. Entre tanto público, se encontraban los mejores ingenieros del mundo, las autoridades, la prensa. Todos ocuparon sus asientos. La ceremonia empezaría en diez minutos. Y de pronto, los acomodadores empezaron a inquietarse. El principal invitado, el gran hombre que había de subir al escenario para recibir el premio, no estaba en su sitio. ¿Dónde estaba Tesla? Misterio. El genio se había esfumado. Nadie sabía cómo. Nadie lo había visto.

B. A. Behrend empezó a sudar copiosamente. Faltaban cinco minutos. Lo buscaron en los baños. Volvieron al Club de Ingenieros. Dieron la orden de ir a su hotel, subir a su habitación y aporrear la puerta. Nada. La hora ya había llegado. No podían empezar sin Tesla. ¿A quién iban a entregar el premio?

Behrend era el único que conocía el desprecio de Tesla por la medalla. Y se temió lo peor. Pero mientras salía del Club de Ingenieros, situado frente al parque Bryant, oyó el zureo de las palomas. Ya era noche cerrada. Para esos pájaros no eran horas. Entonces recordó la habitación de Tesla y, por desesperación, entró en el parque observando, a lo lejos, una figura muy alta, vestida con esmoquin negro y rodeada de pies a cabeza por las aves. Sí, era Tesla. Por fin. Behrend dio gracias al cielo.

—Señor Tesla, ya es la hora. Todo el mundo le espera.

El genio se limitó a llevarse el índice a la boca para que Behrend guardara silencio.

—Pero señor Tesla...

—Deje de hablar, que me las espanta.

Behrend se sentó en un banco y esperó a que aquella cena acabara.

—La ceremonia es en su honor, señor Tesla.

—Ya lo sé, pero mis palomas no habían cenado. Y es su hora. Llevo echándoles pienso en este mismo parque todas las noches, desde hace veinte años. No he fallado ni una. Para ellas, soy un fenómeno tan predecible como el sol. ¿Cómo se sentiría usted si un día, un día sólo, no despuntara el sol por la mañana? Pues es lo mismo. No puedo no aparecer. Serían presas del pánico.

Al regresar al anfiteatro, Behrend dijo al comité que Tesla se había sentido indispuesto. Le creyeron. El acto arrancó con media hora de retraso. El genio brilló como lo que era, una estrella.

En su discurso para presentar a Nikola Tesla, el bueno de B. A. Behrend, parafraseando a Pope, leyó ante el público:

«La Naturaleza y sus leyes se escondían en la noche. Dijo Dios: "Hagamos a Tesla" y la luz se hizo».

Había nacido en un mundo alumbrado por el gas y movido por el vapor del agua. Nos lo dejó iluminado y funcionando con el ímpetu de los electrones.

Eso es magia.

Gracias, señor Tesla.

Bibliografía

Bird, C.: «Tremendous new power soon to be unleashed», *Kansas City Journal-Post*, 10 de septiembre de 1933.
Brandon, C.: *The Electric Chair: An Unnatural American History*. McFarland & Company Publishers, Jefferson, Carolina del Norte, 1999.
Cheney, M.: *Nikola Tesla. El genio al que le robaron la luz,* (traducción de Gregorio Cantera), Turner Publicaciones, Madrid, 2009.
Cohen, S.: «An interview with Nikola Tesla, Electrical Wizard», *The Electrical Exprimenter,* Nueva York, junio de 1915.
Crookes, W.: *Researches in the Phenomena of Spiritualism.* The Quarterly Journal of Science, Londres, 1874.
Kennedy, J. B.: «When woman is boss», *Colliers Weekly*, 30 de enero de1926.
O'Neill, J. J.: *Prodigal Genius. The life of Nikola Tesla,* Adventures Unlimited Press, Kempton, Illinois, 2008.
Sylvester, G.: «A machine to end war», *Liberty,* febrero de 1935
—:«Mr. Tesla great loss», *The New York Times,* 14 de marzo de 1895.

Tesla, N.: «My Inventions», *The Electrical Experimenter*, Nueva York, febrero-junio de 1919.

—: «Man's Greatest Achievement», *Milwaukee Journal Sentinel*, 13 de julio de 1930.

—: «Talking with Planets», *Collier's Weekly*, 9 de febrero de 1901.

—: «The Problem of Increasing Human Energy», *Century Ilustrated Magazine*, junio de 1900.

—: «How Cosmic Forces Shape Our Destinies», *New York American*, 7 de febrero de 1915.

—: «Mechanical Therapy». Sin fecha.

—: *The Inventions, Researches and Writings of Nikola Tesla*, Fall Rivers Press, Nueva York, 2014.

—: *Yo y la energía. Nikola Tesla.* Presentación de Miguel A. Delgado. Turner Publicaciones, Madrid, 2011.

—: *Firmado: Nikola Tesla. Escritos y cartas, 1890-1943*, edición de Miguel A. Delgado, Turner publicaciones, Madrid, 2012.

http://www.teslasociety.com/

http://www.lettersofnote.com/2009/12/we-have-message-from-another-world.html

http://www.executedtoday.com/

YouTube: *Tesla-The Real God of Lighting* – Documentary Films.

YouTube: *Shock and Awe: The History of Electricity* –Jim Al-Khalili BBC Horizon.

YouTube: *War of Currents*, Brooklyn College

YouTube: *Mundos internos, mundos externos* (Daniel Schmidt) Peterhouse Productions.

YouTube: *Electrocuting an Elephant* (1903) WARNING: Viewer Discretion – Disturbing Footage – Thomas Edison, Change Before Going Productions.

ÍNDICE

Aire 15
Fuego 25
Agua 33
Tierra 49
El éter 67
¿Qué es la electricidad? 73
Nikola, el santo 99
Nikola, el hombre 133
Bibliografía 195